農の力で都市は変われるか

小口広太
アジア太平洋資料センター 編著

コモンズ

はじめに

２０２０年初頭から始まった新型コロナウイルス感染症のパンデミックから3年ほどが経過し、徐々に日常が戻りつつある。コロナ禍では、ロックダウン（都市封鎖）、物流の寸断、外出自粛など想定外の事態が次々と起こり、私たちの暮らしを一変させ、不安感と閉塞感が増大した。人と人とのつながりの分断、人間関係や付き合いの希薄化などをもたらし、コミュニティや社会参加の手段を奪う要素となった。生活困窮者が増加し、貧困問題の深刻化も招いた。都市生活の限界があぶり出され、生活の質は総じて低下したのである。

コロナ禍の教訓は、これまでの都市化とグローバル化に基づく経済成長優先社会から持続可能な社会＝脱成長型社会への転換を求めている。その端緒は、各地で生まれた。農山村や都市近郊地域への移住、二地域居住（デュアルライフ）という都市から地方への田園回帰の動きが広がり、多様なライフスタイルが選択できる社会環境が整いつつある。コロナ禍がこれまでの動きを後押ししたといってよいだろう。

こうした流れは、地方分散という観点から歓迎すべきだが、脆弱性が顕在化した都市の持続可能性をどのようにつくっていけるのか、都市に暮らす人びとのライフスタイルをどのように変えていけるのかという議論は、残念ながらあまり見られなかった。ポストコロナ社会では、こうした議論こそ必要ではないだろうか。

また、２０２２年2月にはロシアによるウクライナ侵攻が起こり、食料危機も現実問題として関心を集めている。その不安の背景にあるのは、食の海外依存である。これは、食料をほとんど自給できない都市と都市消費者の問題に直結する。食料危機は歴史的に繰り返され、ウクライナ危機でも顕著に現れたと理解したほうがよい。

現代社会は、コロナ禍、格差の拡大と分断、気候危機、食料危機といういくつもの深刻な課題を抱えている。新自由主義的なグローバル資本主義という現代の支配的なシステムが行き詰まりを見せていることがその根本的な原因にある。

このような問題意識のもと、NPO法人アジア太平洋資料センター（PARC）が運営する「PARC自由学校」で、市民講座「ポストコロナ時代のライフスタイル　都市は変われるか」を企画した。本書は、ここで登場いただいた講師が講義内容を新たに書き下ろし、海外の動向を取り上げた第7章を新たに加え、再構成したものである。

第I部「都市はどこへ向かうのか」は、本書の背景と第II部の導入という位置付けで、高木恒一さんと小口が都市と都市農業のこれまでと現状について、そして都市になぜ農の力が必要なのか論じている。高木さんは、東京を中心とした首都圏を事例に大都市の構造変容と都市農業の位置付けについて、小口は都市農業の誕生から現在に至るまでの動向をそれぞれ分析している。

第II部「都市を耕し、暮らしをつくる」は、実際に農の力を育てる現場から、小島希世子さん、細越雄太さん、青木幸子さんが報告している。小島さんは農業体験農園と就農支援、細越さんは団地でつくる農的なコミュニティ、青木さんは援農ボランティアの受け入れと農家レストランをテーマに、農の力がどのように都市に根付き、人びとの暮らしをつくっているのか具体的な様子が描かれている。

第Ⅲ部「これからの都市」は、本書のタイトルにもあるとおり、農の力で都市は変われるのか、その可能性と展望について、髙坂勝さん、安藤丈将さん、田中滋さん、山本奈美さん、小口が報告している。髙坂さんは都市消費者と一緒に耕す自給田んぼの様子から、これから都市をどう変えていけるのか具体的に提案をしている。安藤さんは香港、田中さんはブラジル、山本さんはアメリカの事例を紹介している。海外の取り組みを紹介することで、日本だけではなく、世界各地で都市における農の営み、食と農のつながりが見直されている現状について確認できる。最後に小口が本書の総括の意味を込めて、農の力で都市に「コモンズ」を取り戻す意義を論じている。

ウィズコロナからポストコロナへ社会の姿をどのように描くことができるのだろうか。これまでのような都市のあり方では、誰が見てもその限界は明らかである。かといって、農村への移住を促し、地方分散だけを進めればよいというわけでもない。「都市か、農村か」という単純な二分法で捉えるのではなく、都市もまた持続可能性を取り戻さなければならない。

ポストコロナという時代の転換点に立ち、暮らしと環境を守り、海外に依存する食生活などを見直し、人と人とのつながりをつくる持続可能な社会に向けて、都市農業の現場で生まれる「農の力」をキーワードに、本書が多くの人にとって都市とライフスタイルの未来を描くためのきっかけになれば幸いである。

2023年7月

小口 広太

農の力で都市は変われるか●目次

はじめに　小口広太　2

第Ⅰ部　都市はどこへ向かうのか　9

第1章　日本における都市農業の可能性●東京を事例として　高木恒一　10

都市農業を捉える視点　10　大都市東京の現在　13　都市空間の価値転換と都市農業　17　人口集積と都市農業　19　都市農業の可能性　21

第2章　都市農業の過去・現在・未来　小口広太　24

イメージで語られる「都市」　24　都市農業に向けられる温かいまなざし　25　豊かで美しかった大都市・江戸　27　第1期：都市に包囲される農業・農地　28　「市街化区域内農地」というやっかいな問題　31　第2期：都市から排除される農業・農地　33　再編される都市農業・農地　34　第3期：都市に包摂される農業・農地　36　第4期：都市農業振興基本法の意義と限界　38　都市の未来、農の可能性　40

第Ⅱ部　都市を耕し、暮らしをつくる　47

第3章　耕す力が人を育てる　小島希世子　48

体験農園コトモファーム　50　対極にある二つの価値観が入り交じる場所　52　農起業講座　53　50代で銀行マンから農家への転身　55　農スクール　57　農がもつ、人を変える力　58　農家実習プログラム　60　シンプルに適材適所を極める　61　独立就農？　雇用就農？　62　自分の心身を育て、世界を耕す「農」　64

第4章　団地の中に畑がある生活　細越雄太 66
はじめに 66　農の力で都市は変われるか 66　ハラッパ団地とは 68　ハタケ部創設の背景 69　団地の中に畑がある生活 71　日本の食育との比較 75　コミュニティづくりにこだわる理由 77　非効率にこそ価値がある 79　農を中心としたコミュニティ「ハタケ部」の活動 80　参加者の声 82　おわりに 87

第5章　都市で食と農をつなぐ　青木幸子 90
農家レストラン「青木農園 農家料理」92　農家としての歩み 95　活躍する援農ボランティア 98　食育を考える 100　これからの都市農業 105

【コラム】 Take your pick！お好きなスタイルで！　今村直美 110

第Ⅲ部　これからの都市 115

第6章　街を、人を、畑が導く　髙坂 勝 116
都市の消費者を里山の田んぼに迎えて 116　度の過ぎた経済成長主義には付き合えん 119　都市を適疎に 120　経済成長は絶望、人口減少は希望 121　増える空き家・空きビルはどうしたら？ 123　コンクリートから土へ 130　空き家が畑になって、都市が変わる 131

第7章　世界に広がる農の力と都市の再生 134
1 香港の都市農業　安藤丈将 134
グローバル・シティの都市農業 134　都市農業を取りまく困難な環境 136　香港の都市農業の特色 137

❷世界の連帯経済の現場から●ブラジル：フェイラ・リヴレ（自由の市）の挑戦 田中 滋 141
その名は「Feira Livre（フェイラ リブレ）／自由の市」141 「35%」の意味するもの 143 透明性と責任意識がカギ 144 自由の市が育む多層の連帯 145 商品をどれだけ売ってもそれだけでは潰れる店 146 公正さの再認識 147

❸持続可能な未来社会の構築に向けた学校菜園の潜在力 山本奈美 149
●米国カリフォルニア州の公立小学校の取り組み事例からの考察
GBLの特徴と教育上の効果 149 ゴート小学校のGBL 151 学校菜園の「持続可能性」に向けた課題 156 「学校菜園では何が育つのだろう？」 157

第8章 農の力で「コモンズ」を取り戻す 小口広太 162
コロナ禍で見直された農の力 162 都市化への対抗概念としての「コモンズ」163 「暮らしの根拠地」としての農の営み 165 農の力が生み出す多彩なコモンズ 168 農的コモンズをどう広げるか① ―― 耕す市民の階段をつくる 173 農的コモンズをどう広げるか② ―― 農地という空間が生み出す包容力 175 農の営みが食をつなぎ、コモンズをつくる 177

【コラム】 PARC自由学校と都市と農 畠山菜月 182

おわりに 小口広太 186

著者紹介 188

第
I
部
都市は
どこへ向かうのか

第1章 日本における都市農業の可能性●東京を事例として

高木 恒一

都市農業を捉える視点

この章では本書の導入として、今日の日本における都市農業を展望するための視座を検討する。先行事例として欧米大都市の事例を参照しつつ、東京を中心とした首都圏のデータを用いて論じていくこととしたい。

2010年代以降、ヨーロッパや北米の大都市において都市農業が実践されるとともに、その動向が社会科学の領域でも活発に議論されている。ここで扱われる都市農業の範疇(はんちゅう)は広い。C・トルナージは都市農業の定義を「都市とその周辺における集約的な作物栽培や畜産を通して行われる食料やその他産品の栽培、加工、流通」としたうえで「小規模集約型の都市農園、住宅団地内での食料生産、土地共有、屋上庭園や養蜂、校庭の温室、レストランが運営するサラダガーデン、公共空間での食料生産、ゲリラガーデニング、市民農園、バルコニーや窓辺での野菜栽培、その他の取り組みが含まれる」ものとしている(1)。

こうした都市農業の動向と、これをめぐる議論を整理したN・マクリントックは、都市農業は食料生産にとどまらず、地域の緑化や美化、雇用創出、温室効果ガス削減、コミュニティ形成などの機能が見出され、北米の自治体の多くが都市農業政策を実施しているとする。そしてこうした実践が、工業的な食料生産が引き起こす社会的・環境的悪への対抗として期待される一方で、破壊されたセーフティネットの代替機能を果たすことや緑地が再開発地域の新たな付加価値とみなされることにより、新自由主義体制の補完物になっているという批判があるとも指摘している。[2] ここでは都市農業を新たな農の形態として見るだけではなく、新自由主義的な社会を再考するための契機として位置付けられていることに注目できる。

日本における議論の動向を見てみよう。2015年の都市農業振興基本法の制定により、都市農地は「宅地化すべきもの」から「あるべきもの」へと位置付けが変わり、そのあり方や可能性についての議論が活発化している。[3] しかし私が見る限りでは、都市農業が社会のあり方を変える契機になるのか、という視点からの議論はあまり見られない。

この要因のひとつとして考えられるのが、都市と農村を対立的に捉える視点の存在である。この視点では、都市を現代の社会問題が集中する場とみなしたうえで、これに対抗するものとして農村を対置し期待するという論理構成が現れる。その一例として藻谷浩介（もたにこうすけ）が提唱している「里山資本主義」の視座を検討しておきたい。

藻谷は今日の社会状況の問題点を「お金の循環がすべてを決するという前提で構築されたマ

ネー資本主義」[4]に覆われていることと捉え、ここに脆弱(ぜいじゃく)性や限界があることを指摘する。そしてこの状況に対応するものとして「お金が乏しくなっても水と食料と燃料が手に入り続ける仕組み」としての「里山資本主義」を提示するが[5]、その際に「里山資本主義は、誰でもどこででも十二分に実践できるわけではない。マネー資本主義の下では条件不利とみなされてきた過疎地域にこそ、つまり人口当たりの自然エネルギー量が大きく、前近代からの資産が不稼働のまま残されている地域にこそ、より大きな可能性がある[6]」と主張する。ここでは「マネー資本主義」と表現される新自由主義的な課題の解決の場として過疎地に着目し、そこに対抗する条件が揃っていることが指摘されている。この視点に立てば、都市に集約的に現れる課題は、都市以外の場での実践によって解決されることが想定されていて、都市における実践には出る幕はない。

しかし近年になって藻谷は里山資本主義の定義を「農山漁村に限らず都会でもどこでも実現できる、〝里山〟的な資本主義[7]」と拡大させている。ここで「都会」をつけ加えることは都市内部の実践に可能性を見出していることになるが、その条件について藻谷は提示していない。過疎地域と同様に都市にも可能性があるとするならば、都市において〝里山〟的な資本主義の展開を可能とする条件が提示される必要があるが、ここでは水と食に強く関わる都市農業が検討の中心に位置付けられることになるはずである。そしてその際には都市に集約的に現れる現代社会の問題状況への対応を、都市の外部の農山漁村の実践ではなく、都市内部の実践の中に可能性を探る必要性が提起される。この条件を探ってみよう。

大都市東京の現在

まずは現在の東京の状況を確認しておきたい。ここでの「東京」は都道府県としてのそれではなく、東京都区部を中心として広がる都市圏として捉えることとし、便宜的に1都3県（東京都、埼玉県、千葉県、神奈川県）の範囲とする。

東京の人口は第二次世界大戦後、一貫して増大し今日に至っているが、その中で都区部では1950年以降に減少し、いわゆるドーナツ化現象を経験する。この傾向に変化が表れたのは90年代後半である。この時期に都区部の人口は再び増加に転じ、今日に至っている。この人口増加とともに顕著になっているのが再開発である。90年代後半以降に活発化した都区部の再開発の動きはとどまるところを知らず、渋谷、新宿、池袋をはじめ至るところで展開されているだけでなく、次々と新しい再開発計画が発表されている。

こうした状況からは2020年代の東京では人や資金が流入し、経済規模が拡大を続けているように見えるかもしれない。しかし、よく見るとこうした傾向は限定的である。国勢調査データから人口増減の状況を見てみよう。図1－1は都区部と1都3県それぞれの人口増加率を示している。これを見ると都区部と東京都では05年以降3県を上回っているが、10年から15年は増加率が低下している。そして3県の動向を見ると、多少のパターンに違いはあるものの増加率の低下が見られ、特に10年から15年の低下が著しい。

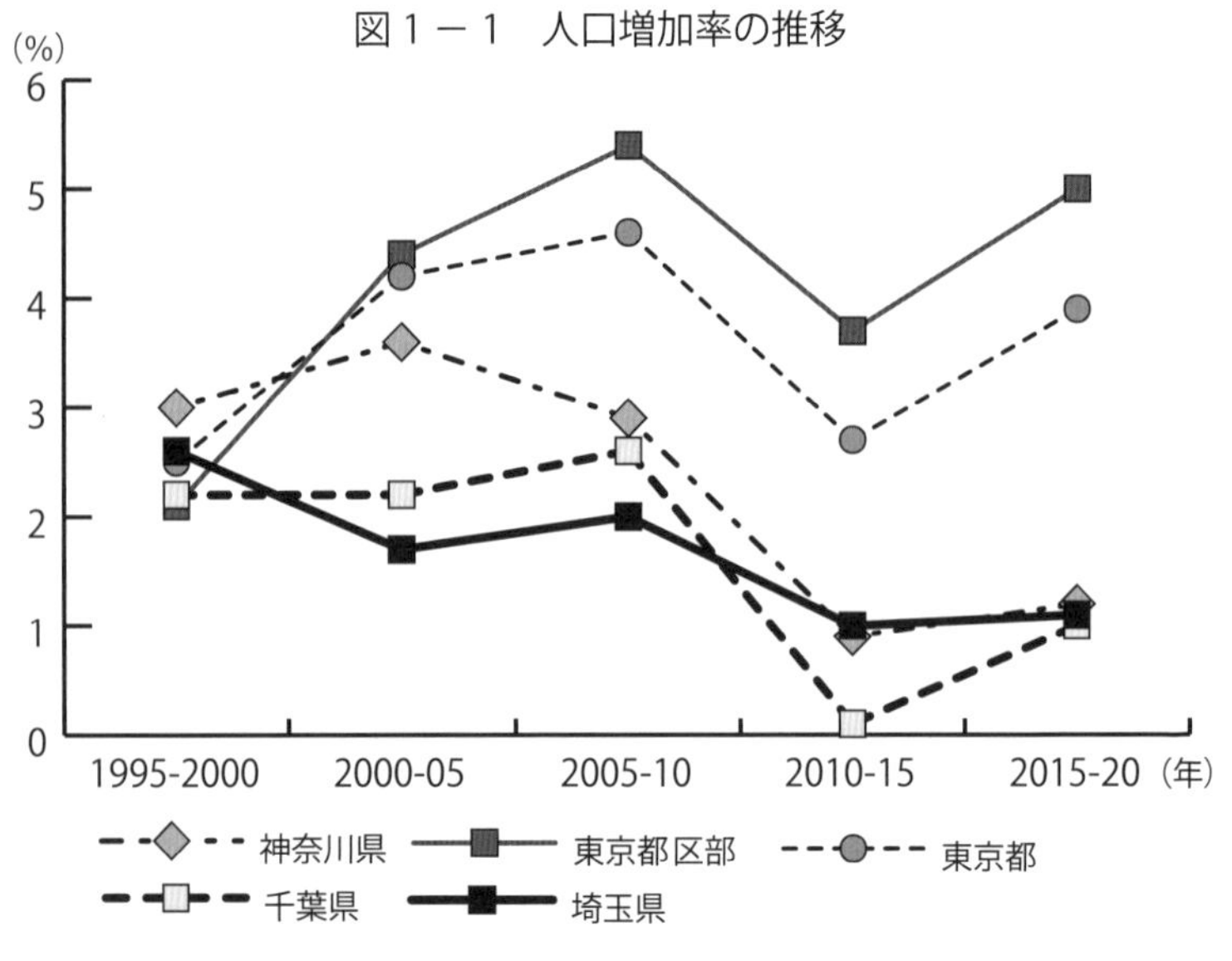

（出典）国勢調査データより筆者作成。

さらに国勢調査データを地図化すると興味深い状況が浮かび上がる。人口増加傾向が顕著だった２００５年から10年の増減率を示した図１―２を見ると、人口増加が著しい地域が都区部とここに隣接するエリアに大きく広がっている。これに対して15年から20年の動向を見ると（図１―３）、都区部では依然として人口増加が見られるが、隣接する地域で増加を示す範囲が小さくなっていることがわかる。ここでわかることは、今日の東京では人口増加が継続しているものの増加率は低下するとともに、増加している地域も都区部とその隣接地域に限定化していることである。

なお、２０２０年に始まった新型コロナウイルスの流行は、リモートワークの普及などに伴い人びとの移動に影響を与えてい

図１－２　市町村別人口増加率（2005-10年）

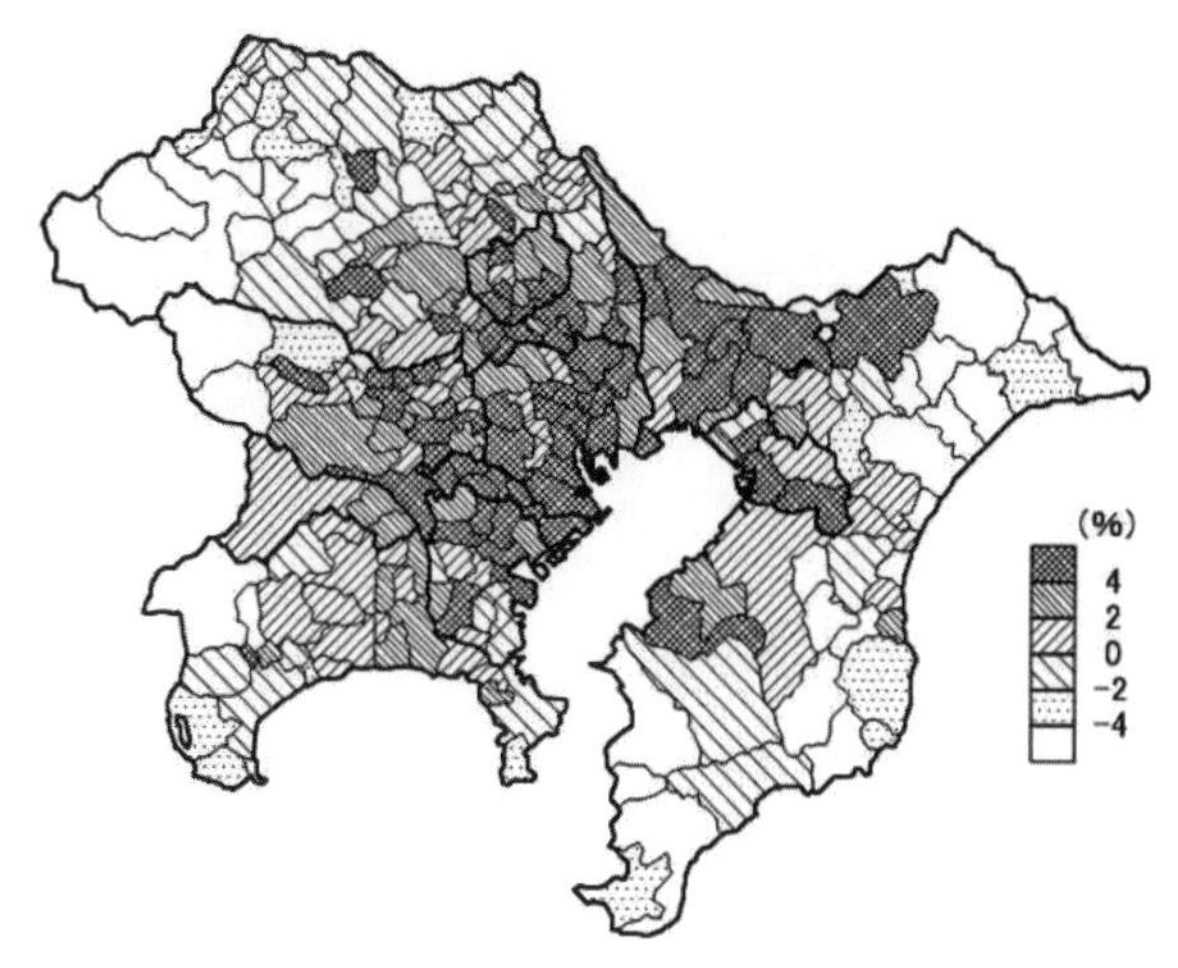

（出典）国勢調査データより筆者作成。

図１－３　市町村別人口増減率（2015-20年）

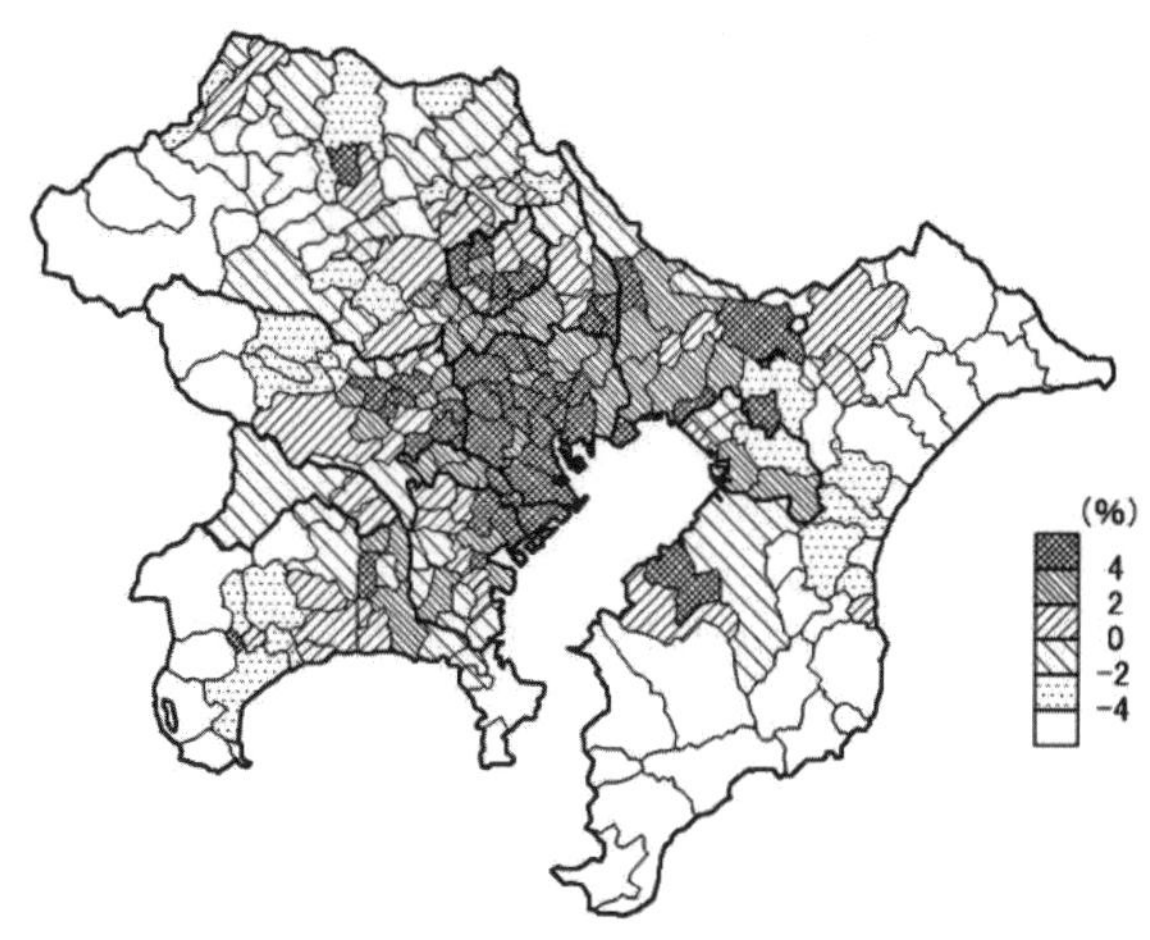

（出典）国勢調査データより筆者作成。

表１－１　人口増加率の推移

	2020-21 年	2021-22 年	2022-23 年
埼玉県	0.1%	-0.1%	-0.7%
千葉県	0.0%	-0.2%	-0.6%
東京都	0.1%	-0.4%	1.7%
東京都区部	0.0%	-0.5%	2.0%
神奈川県	0.1%	-0.1%	0.1%

（注）各年１月１日現在の推計人口。
（出典）住民基本台帳人口より筆者作成。

ることが指摘されている。この動向が一時的なものなのか、それとも何らかの構造転換を生み出すのかは本稿を執筆している23年3月の時点ではわからないが、この制約のもとで短期の人口動向を確認しておこう。

住民基本台帳に基づく人口推計を見ると２０２１年から22年にかけて、１都３県と東京都区部はすべて人口減少を経験した。22年から23年では東京都および都区部は増加が見られるが、神奈川県では停滞し、埼玉県と千葉県では減少している（表1－1）。現時点の状況は、都区部では人口が回復の兆しが見えている一方でそれ以外の地域では停滞、さらには減少傾向にあるといえる。ここでは人口増加は都区部に限定的なもので周辺部では停滞ないし減少しているという傾向が、コロナ禍が続く中でも継続していると見ることができるだろう。

さて、こうした人口の動態は再開発の動向にも密接に関わるものである。近年の東京では不動産投資信託（ＲＥＩＴ：投資家から集めた資金で、複数の不動産に投資する金融商品）による投資目的の賃貸集合住宅の建設が目立つようになっている。この動向を検討したＮ・アヴェリーヌ＝デュバッハは、投資対象は都区部に集中しており、これは人口減少局面にある中で、希少な投資先として都区部が選ばれているためであると指摘している。[8] ここで見出されるのは投資対象となる空間の「選択と集中」の出現だが、これは賃貸住宅のみだけではなく都市空間への投資全般に当てはまるもので、2000年代初頭にはすでに認識されていた。

たとえば平山洋介は1990年代以降の東京の都市政策の動向を検討する中で、住宅市場のブームが出現している「ホットスポット」と、投資の対象から外された地域である「コールドスポット」が同時に発生していることを指摘するとともに、コールドスポットが郊外や都市縁辺部で見られるようになっていることを明らかにした。[9] 2010年代以降、人口減少局面の中で、収益性が期待できるホットスポットが都区部とその周辺に集中する一方で、これ以外の地域ではコールドスポットが広がりつつある状況にある。

こうした状況を詳細に検討した饗庭伸は都市の縮小局面と捉えたうえでその特徴を「都市の大きさ自体はほとんど変化せず、その内部のランダムな場所において、それは中心部の商店街かもしれないし、郊外の戸建て住宅地であるかもしれないが、小さな敷地単位で都市の密度が上がったり下がったりする」状況であるとして、これを「スポンジ化」と呼んでいる。[10]

都市空間の価値転換と都市農業

この状況の中で出現するのが、収益が見込めないことから投資が手控えられる空間である。こうした空間は「価値のない」空間とみなされたということになる。ただしこの視点は、資本主義における利益を生み出すか否かという交換価値に着目したものであり、「価値がない」というのは「交換価値がない」という意味になる。しかしこれを別の視点から捉えれば、投資の対象から外れることで収益性や経済的価値を生み出すことの圧力が弱まった空間であると見ることができる。

饗庭は都市空間のスポンジ化を「脱市場化を前提とした、超小規模化、多方向化、場所のランダム化、不可視化[11]」といった特徴をもつものであると指摘する。このことは投資が手控えられた空間は、交換価値の観点からは価値のないものとみなされ市場から退場を迫られる一方で、その陰に隠れていた、収益性を必ずしも前提としない多様な使用価値を見込める空間として現れてくるものと見ることができる。

都市空間を交換価値ではなく使用価値に基づいて捉えられることは、大きな状況の変化が生じていることを意味している。長い間、都市空間は交換価値を基準とする経済財として扱われてきた。１９８０年代以降に政策の新自由主義体制が強化されていく中で、都市空間は経済財として捉える視点がいっそう強化され、都市圏の空間は投資、さらには投機の対象となり、その中で80年代半ばにバブル経済が発生した。90年代初頭にバブル経済が崩壊した後も都市空間は経済財とみなされて投資が続けられ、政策的後押しも積極的に行われてきている[12]。しかし縮小局面の都市においては都市空間のすべてを投資の対象とすることが困難となり、選択と集中が発生し、その中で投資が手控えられた空間が出現している。そして投資が手控えられた空間には使用価値の観点から捉える余地が生じているのである。

ではこうした状況は、都市農業にどのような影響を与えるのだろうか。交換価値がないものとみなされ投資が手控えられた空間は、交換価値の圧力から相対的に逃れている空間であり、収益性を必ずしも考えなくてもよい空間である。こうした空間の出現により、宅地化などにより既存の都市農地の収益性を高めようとする圧力が減じる。ここにおいて都市農地の存続は政策的な位置付けの変化だけでなく、経済的条件のもとでも存続できる状況が生まれることになる。

そして新たに出現している投資が手控えられた空間は、たとえ広さや土壌の問題などで産業としての農に利用することが困難な場合でも、市民農園など、多様な都市農業のために利用しうる可能性は小さくない。こうして、使用価値に基づくさまざまな空間の利用の仕方のひとつとして都市農業が浮上することになる。

人口集積と都市農業

さらに都市における人口集積は、地方とは異なる特性をもつことから、さらなる都市農業の可能性をも見出すことができる。

ここで重要なのは人口集積である。人口が集積しているということは、都市が属性や価値観、あるいはライフスタイルなどの面で考え方の異なる多様な人びとを包摂する可能性が高いことを意味している。C・S・フィッシャーはこの観点から、都市を多様な下位文化が生み出される場として捉える「下位文化理論」を提唱した。

これによると、都市の人口規模が大きくなればなるほど、さまざまな出身や背景をもった人びとによって構成される可能性が高くなる。この多様性が特有の価値・規範・習慣をもった人びとがネットワークを形成する「下位文化」を生み出す基礎条件となる。そして都市の規模が大きくなればなるほど多様な下位文化が生成されるとともに、下位文化成員の絶対量が多くなると考えることができるという[13]。

こうした条件を都市農業に適用すると、二つの可能性を見出すことができる。第一には、消費の側面である。都市では食の好みに基づく多様な下位文化が発生し、一定量のニーズが生み出される。こうした食の多様性は（グローバルな農業システムから見れば十分なものとはいえないかもしれないが）、生産者と消費者の近接性や多様なつながり方により一定の収益を得る基盤となる。すでにこうした基礎条件を活かした実践は始まっており、多品目生産と直売による農業経営などが展開されている[14]。

第二には、担い手の多様性である。多様な都市農業は、専業、副業、パートやアルバイト、さらにはボランティアや趣味としてなど、いろいろな形で農に関わることのできる人びとが担い手となる。本書の編者の小口広太はこうした多様な農の担い手を「耕す市民」と名付けているが[15]、大都市における多様なライフスタイルの存在はさまざまな形態の「耕す市民」を生み出す条件を形成しているのである。本書で取り上げられている多様な事例は、こうした都市農業の実践例にほかならない。

都市農業の可能性

以上の点からは、縮小局面にある日本の大都市では交換価値の縛りから外れた（外された）空間が出現し、都市農業の展開を可能にするとともに、都市の人口集積に基盤を置く多様な形態の展開と、担い手としての多様な「耕す市民」により、都市農業が展開できる可能性が示唆される。そしてそれは、今日の新自由主義による問題の集約点としての大都市にあって、都市農業の実践を通してオルタナティブを提示しうる可能性があることを示すものである。

ただし、先行する欧米の大都市の経験から留保が必要なのは、都市農業の実践が都市の経済発展に適合的なアメニティ（住みやすさ）や持続可能性に結びつけられ、新たな交換価値を生み出したり、新自由主義の補完的なものに取り込まれたりする危険性をはらんでいることである[16]。

ここで再び里山資本主義について見てみよう。藻谷は「『マネー資本主義』の経済システムの横に、こっそりと、お金に依存しないサブシステムを再構築しておこうという考え方[17]」と述べている。ここでは里山資本主義が、メインシステムであるマネー資本主義を補完するものとして位置付けられていることに注意が必要である。こうした位置付けでは結果として里山資本主義がマネー資本主義を支えるものになりかねない。しかし、現在展開されようとしている都市農業が都市空間の価値の変容に根ざした実践であることを考えれば、その意義は既存システムの補完的なものにとどまらない可能性をもっている。この点からは都市農業に新自由主義体制を（たとえ部分的にではあっても）相対化、あるいは変革する可能性をもつものとして位置付け、この観点からどのような実践が展開できるのかを検討していく視点を拓いていくことが重要である。

（1）Tornaghi,C.,2014. "Critical Geography of Urban Agriculture", *Progress in Human Geography* 38(4): 551.
（2）McClintock, N., 2014. "Radical, Reformist, and Garden-variety Neoliberal : Coming to Terms with Urban Agriculture's Contradictions", *Local Environment* 19(2) : 147－171.
（3）たとえば『農業と経済』２０１８年3月号の特集「都市農業に転換が来る」。
（4）藻谷浩介「中間総括『里山資本主義』の極意――マネーに依存しないサブシステム」藻谷浩介・ＮＨＫ広島取材班『里山資本主義――日本経済は「安心の原理」で動く』角川書店、２０１３年、１２１ページ。
（5）同前。
（6）前掲（４）、１２１～１２２ページ。
（7）藻谷浩介「『里山資本主義』の目指す世界」藻谷浩介監修、Japan Times Satoyama 推進コンソーシアム編『進化する里山資本主義』ジャパンタイムズ出版、２０２０年、17ページ。
（8）Aveline-Dubach, N., 2022. "The Financialization of Rental Housing in Tokyo", *Land Use Policy* :112.
（9）平山洋介『東京の果てに』ＮＴＴ出版、２００６年。
（10）饗庭伸『都市をたたむ――人口減少時代をデザインする都市計画』花伝社、２０１５年、99ページ。また、都市の縁辺部では大規模な開発地域がコールドスポット化している状況がある。たとえば吉川祐介は千葉県北東部や外房地域に、買い手がつかず荒れ地化した分譲地が広がっていることを指摘している（吉川祐介『限界ニュータウン——荒廃する超郊外の分譲地』太郎次郎社エディタス、２０２２年）。

（11）前掲（10）、１２４ページ。

（12）高木恒一「ジェントリフィケーションと都市政策——東京都心の社会—空間構造変容を事例として」『日本都市社会学会年報』34号、２０１６年、59〜73ページ。

（13）C・S・フィッシャー著、広田康生訳「アーバニズムの下位文化理論に向かって」森岡清志編『都市社会学セレクションⅡ　都市空間と都市コミュニティ』日本評論社、２０１２年、１２７〜１６４ページ。

（14）たとえば小口広太・大江正章「都市農業の多様な実践と展開可能性」『まちと暮らし研究』27号、地域生活研究所、２０１８年、76〜87ページ。

（15）小口広太『日本の食と農の未来——「持続可能な食卓」を考える』光文社新書、２０２１年。

（16）たとえば前掲（2）、Ernwein, M.,2017. "Urban Agriculture and the Neoliberalization of What?", *ACME : An International Journal for Critical Geographies* 16(2): 249-275.

（17）前掲（4）、１２１ページ。

第2章 都市農業の過去・現在・未来

小口 広太

イメージで語られる「都市」

「都市農業」という言葉を聞いて、「都市に農業、農地があるの？」と感じてしまう人が多いのではないだろうか。たとえば、筆者が担当した講義で、「都市という言葉を聞いて何を思い浮かべますか？ キーワードをあげてください」と学生に聞くと、次のような回答が返ってくる。

経済の中心、人口が多い、人とのつながりが薄い、高層ビル、整備された道路、忙しい、大企業、IT産業、コンクリート、自然が少ない、賑やか、キラキラ、娯楽が多い、モノが多い、交通／買い物が便利、消費、空気が汚い、ハイテク、物価が高い、発展している、若い人が多い、情報が多い

この中で、農業や農地についてあげる学生は一人もいなかった。「都市」「農業」と聞くと、相反するイメージをもってしまい、すぐにそのつながりが想像しにくい。都市という固まったイ

メージをもっている人が多いからだろう。都市農業の存在は知っていても、それに勝るものが浮かんでしまうのかもしれない。

都市はもともと農村だったところに成立し、現在も農地を潰しながら都市化が進行している。ただし、都市にも「農の営み」が脈々と存在し続けている。たとえば、東京都23区の中でも、葛飾区、江戸川区、足立区、北区、世田谷区、大田区、目黒区、杉並区、中野区、練馬区、板橋区の11区に農地がある。練馬区の都市農業は、地産地消、市民参加を進める先進地として全国的にも有名で、2019年11月29日~12月1日にかけて「世界都市農業サミット」が開催されたほどだ。

筆者も世田谷区の住宅街で「せたがやそだち」というのぼり旗を立てた無人直売所を見かけて「こんな住宅街に農地と直売所があるのか」と驚いた経験がある。普段は意識していないだけで、注意深く歩いてみると、都市でも身近に農の営みが存在していることに気づかされる。

都市農業に向けられる温かいまなざし

東京都生活文化局が実施したアンケート調査において、「東京の農業・農地についての意向」を見ると、2020年度時点で82・8%が東京に農業・農地は必要だと「思う」と回答している。[1]それ以前の結果を見ても、2015年度が85・5%、2009年度が84・6%と高い割合が続いている。

同じアンケート調査の「東京の農業・農地に期待する役割」で3割以上が選択している上位

図２－１　東京の農業・農地に期待する役割
（３つまで選択可能、回答者 494 人）

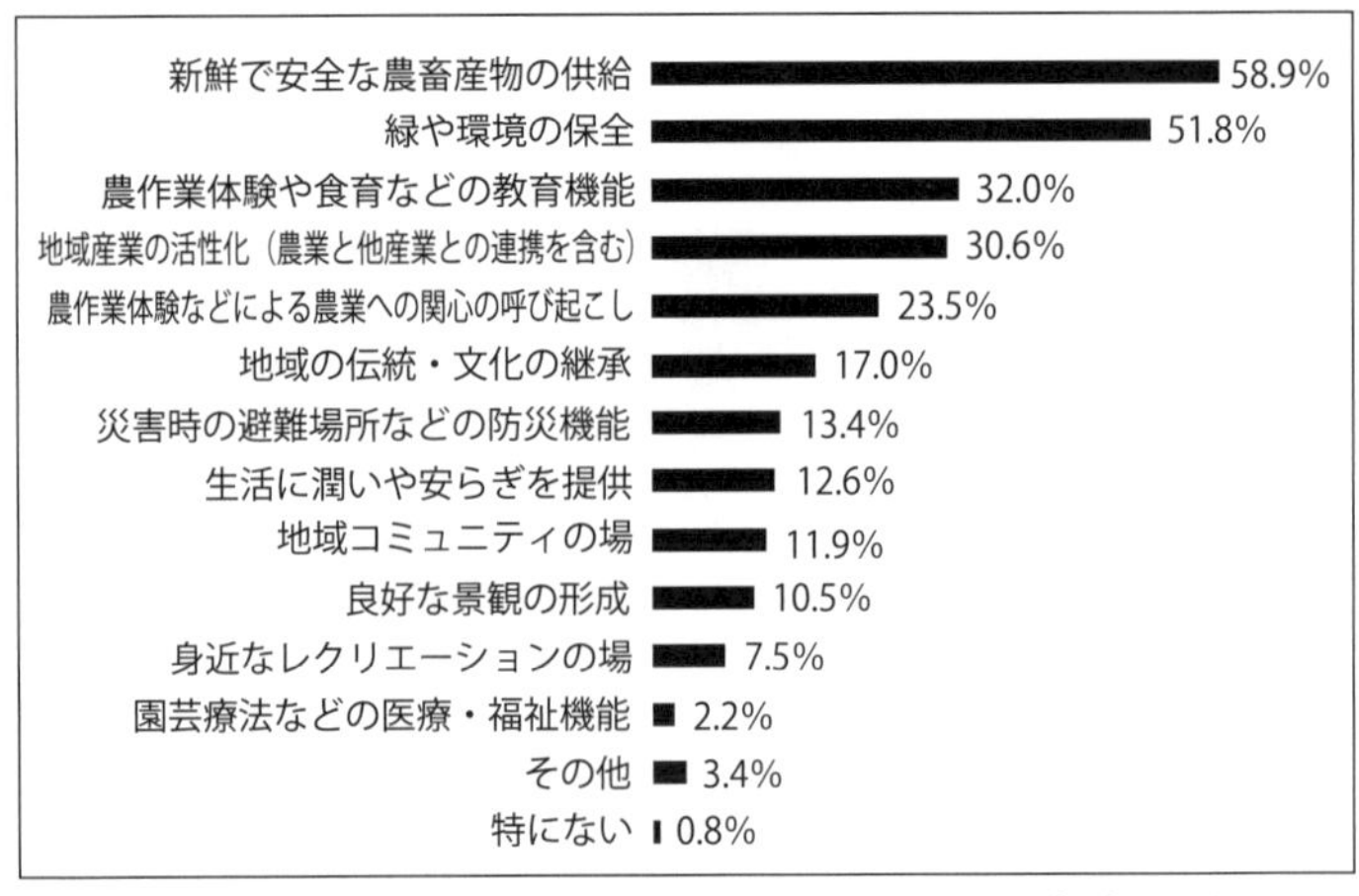

（出典）東京都生活文化局「令和２年度第１回インターネット都政モニターアンケート『東京の農業・水産業』調査結果」（2020 年９月）。

４項目は、「新鮮で安全な農畜産物の供給」「緑や環境の保全」「農作業体験や食育などの教育機能」「地域産業の活性化（農業と他産業との連携を含む）」となっている（図２－１）。都市農業は多様な役割を期待されていることがわかる。

実際、ＪＡの農産物直売所は人びとで賑わい、農業体験などもレジャー感覚で楽しむことができ、親子連れに人気である。農家を継続的にサポートする援農ボランティアは、都市農業を支える「関係人口」のような存在として幅広く形成されつつある。

このように温かいまなざしが向けられている都市農業だが、これまでどのような歩みを進めてきたのだろうか。本章では、都市農業をめぐる政策的、社会的な背景をおさえつつ、その歴史と現状を整理し、未来の姿を描く。

高度経済成長期から現在に至る都市農業の動向は、5つの時期に区分ができる（表2―1）。第1期から第2期は、開発圧力のもと、都市から農地が排除されていくプロセスで、第3期を分岐点としてそれ以降、都市に農業・農地が包摂されるプロセスに移行した。こうした変遷を踏まえながら、「都市」と「農業」の関係性を解きほぐし、都市農業のこれからについて考えたい。

豊かで美しかった大都市・江戸

ここで少し時間軸を江戸時代に戻したい。当時の日本は、欧米などに比べてはるかに都市化の進んだ国であったが、近郊農村との循環の中で豊かで美しい都市を持続させていた。

都市近郊農業史を研究する渡辺善次郎は、100万人の人口を抱えた江戸だけではなく、多くの人口を抱えた他地方の都市・城下町も農村（この場合、都市の周辺に位置する近郊農村を指す）も豊かで美しかったと述べ、その要因として当時の徹底したリサイクルと循環型農業の存在を指摘している(2)。

都市で発生するさまざまな廃棄物、たとえば、し尿（下肥（しもごえ））、家畜の排せつ物、カマドの灰から天井のスス、塵芥（じんかい）類（ワラクズ、縄切れ、古畳、残飯、魚クズ）、食品産業などから出るカス類や米ヌカを都市近郊の農民たちが貴重な肥料として農地に還元し、江戸の食卓を支えていた。江戸は世界最大級の都市だったが、鎖国という状況の中でも多くの人口を養うことができたのは、近郊農村との深いつながりがあったからである。

農業の動向

都市計画	農業政策
新都市計画法（68 年） 生産緑地法（74 年） 相続税納税猶予制度（75 年） 長期営農継続農地制度（82 年）	農地法の改正（69 年） 農住組合法（80 年）
長期営農継続農地制度の廃止（91 年） 生産緑地法の改正（91 年） 改正生産緑地法による新規指定（92 年） 相続税納税猶予制度の改正（92 年）	特定農地貸付法（89 年） 市民農園整備促進法（90 年）
	食料・農業・農村基本法（99 年） 特定農地貸付法の改正（05 年）
都市緑地法の改正（17 年） 生産緑地法の改正（17 年） 特定生産緑地制度（17 年）	都市農業振興基本法（15 年） 都市農業振興基本計画（16 年） 都市農地貸借法（18 年）
持続可能な都市づくりへ	

日本では、近世以来、明治、大正、昭和と長い間続けられてきた循環の中に都市は存在していたが、こうした都市と近郊農村、暮らしと自然とのつながりの分断を生んだのが、高度経済成長期以降の都市化である。

第１期：都市に包囲される農業・農地

１９５６年に公表された『経済白書』（旧経済企画庁）の結語に、「もはや『戦後』ではない。我々はいまや異なった事態に当面しようとしている。回復を通じての成長は終わった。今後の成長は近代化によって支えられる」とある。これは、朝鮮戦争（１９５０～53年）の特需に支えられ

表２－１　都市

区分	年代	時代状況	社会的背景
第１期	1950年代〜 80年代前半	経済成長	都市人口の増加 無秩序な市街化
第２期	80年代後半〜 90年前半	バブル経済	地価高騰 日米貿易摩擦 内需の拡大 都市農業バッシング
第３期	90年代半ば〜 2000年代	低成長	宅地需要の減少 環境保全・食の安全 ライフスタイルの多様化 農のあるまちづくり
第４期	2010年代	成熟社会	持続可能な社会 東日本大震災の発生 都市の脆弱性 都市の縮退
第５期	2020年代〜	ポストコロナ社会	人口減少の進行 コロナ禍による閉塞感 ライフスタイルの転換

（出典）筆者作成。

た経済復興が終わり、これからどのように経済と社会を発展させることができるのかという危機感から生まれた言葉だが、その次なる一手が近代化、すなわち都市化と工業化の推進で、国家目標として経済成長が推進されることになった。そして、「東洋の奇跡」と称される高度経済成長が50年代半ばから始まったのである。

高度経済成長期は、農村から都市への人口大移動の時期でもあった。その背景には人口分布の適正化と都市における労働条件の優位性があった。都市には働き口がたくさんあり、農村に比べると賃金も高かった。敗戦後、過剰人口を

図２－２　三大都市圏の転入超過数の推移（1954～2021年）

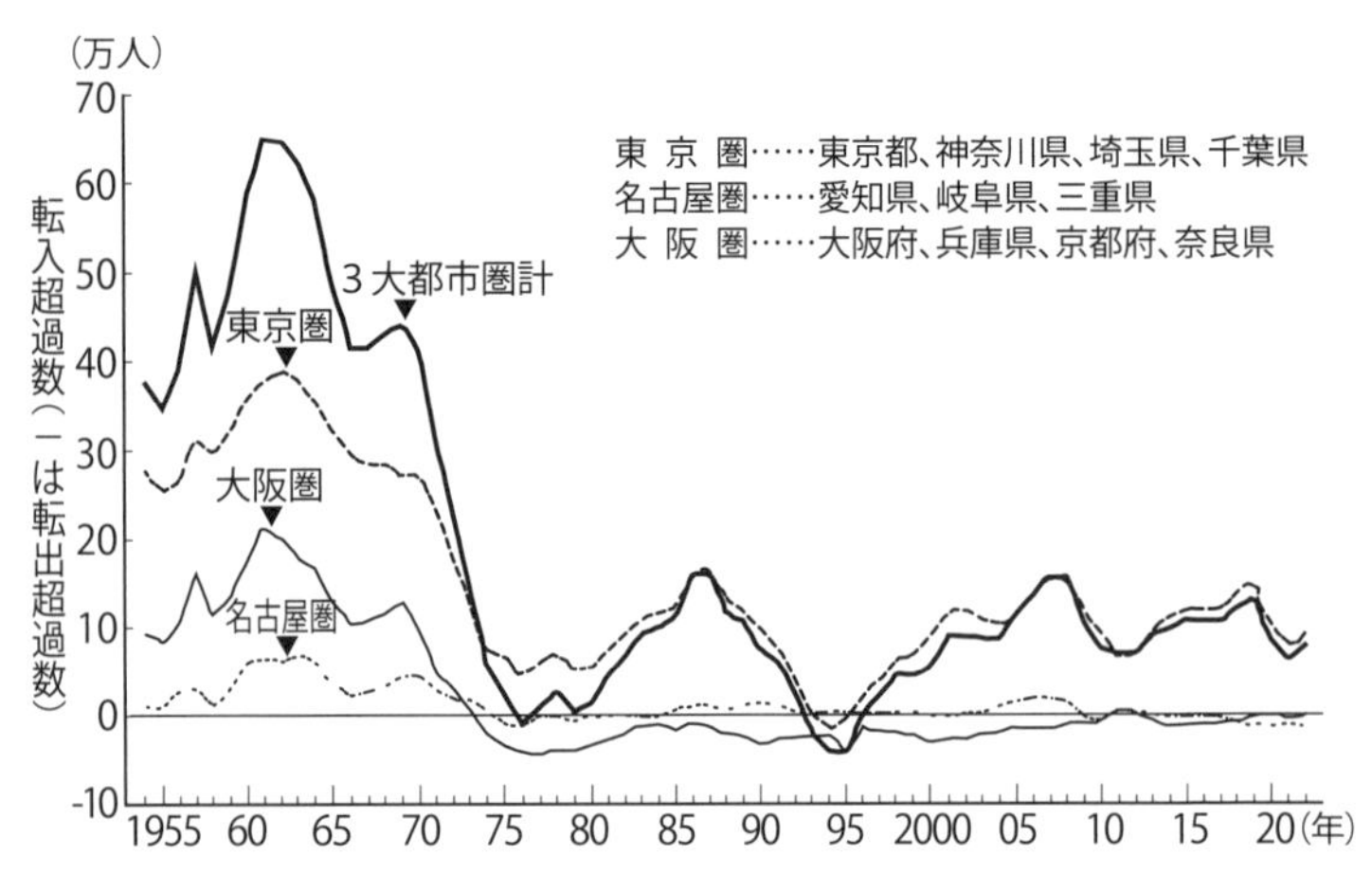

（出典）総務省統計局「住民基本台帳人口移動報告　2022年（令和４年）結果」。
※ 1954年から2013年までは日本人のみ。

抱えていた農村から、都市化と工業化によって労働力需要が生まれ、不足していた都市に人口が吸収されていった。

　三大都市圏の転入超過数の推移を見てみよう。１９５０年代半ばから60年にかけては三大都市圏への移動が急速に拡大し、70年頃まで高い水準を推移している（図２－２）。元農林水産省農業総合研究所所長（現・農林水産政策研究所）の並木正吉（まさよし）は、当時の状況を次のように書いている。

「この１、２年の間、中学・高校を卒業した農家のあととりだけについてみても、その半分以上が農業をやらず、他の職業に就くようになっている。それだけでなく、あととりの７、８割までが、他産業に就職するという府県が20近くにのぼっている。このような動きの素地は、今度の戦争中から存した。しかし、これほど徹底的になったのは、戦後、しかも、せいぜい、この4、5年のことである。この流出にみられる変化の幅のひろさ、奥ゆきの深さ、テンポのはやさは、正に、雪崩、地すべりと形容するにふさわしい。もはや何人も、そして何ものも、この地すべり的な移動を止めることは不可能であろう[3]」

当時、農村を悩ませていた過剰人口問題の中心にいた農家の二、三男だけではなく、中学・高校の新卒者も都市へ出て行った。農村から都市への一方通行の流れが顕著で、農家の跡取り層をも巻き込む不可逆的な人口移動の流れが形成されていた。こうした「地すべり的な移動」によって都市は膨張し、肥大化していった。

こうして日本の都市には、産業が集積し人口も集中した。人口が増えれば、住宅が必要になる。高度経済成長期は都心部から郊外に向けて、無秩序かつ無計画に開発が進められる「スプロール現象[4]」が進んだ。都市基盤の整備が進まないまま、安い地価を求めて市街地が外延的に拡大し、近郊農村は潰されたのである。その結果、虫食いのように農地が点在化（モザイク化）し、市街地の中に広範な農地を残存させた。これが「都市農業」の始まりである。

「市街化区域内農地」というやっかいな問題

1968年に制定された「新都市計画法」では、「都市計画区域について無秩序な市街化を防止し、計画的な市街化を図るため必要があるときは、都市計画に、市街化区域と市街化調整区域との区分を定めることができる」とした[5]。

つまり、「すでに市街地を形成している区域」および「(おおむね10年以内に優先的かつ計画的に)市街化を図るべき市街化区域」と、「市街化を抑制すべき市街化調整区域」に線引きされることになった。

市街化区域内にある農地は「宅地化すべきもの」として、いずれ都市からなくなる「経過的農業」、都市の中に取り残されている「残地的農業」などといわれ、常に開発圧力にさらされ、流動的な存在となった。特に、東京都は市街化区域内に多くの農地を抱え込んでしまったことで、「都市」と「農業」の不都合な関係がつくり出されてしまった。(6)

この新都市計画法は、都市と農村をはっきり区別する都市純化論、峻別(しゅんべつ)論を理念とし、この線引きの実施は実質的な市街化区域内農業・農地の否定であった。農林省(当時)も市街化区域内農地の転用は事実上自由とし、市街化区域内農業は国の農業施策の対象から外された。(7)

農家は宅地並み課税(宅地と同水準の固定資産税)と高額な相続税の問題に直面することになった。これに対して農家、農業委員会系統、農協系統が宅地並み課税反対や都市農業の確立に向けた運動を展開し、「生産緑地法」(1974年、生産緑地については後述)、「相続税納税猶予制度」(1975年)、「長期営農継続農地制度」(1982年)の創設によって、宅地並み課税および高額な相続税の支払いを猶予する制度が整い、長年かけて税制問題は決着を見た。こうして、ようやく都市農業としての展開が認められるようになったのである。

第2期：都市から排除される農業・農地

新自由主義に基づく政策を強力に推し進めた中曽根政権（1982〜87年）は、アメリカの意向に沿う形で構造改革を断行した。たとえば、86年に公表された「前川レポート」（「国際協調のための経済構造調整研究会」による報告書）は、日米経済摩擦に対応するため、国際協調型経済構造への転換を提言した。そこで重視されたのが内需拡大で、住宅対策および都市再開発事業の推進であった。

大規模事業による東京の大改造は、地上げや地価の暴騰をもたらした。残存する都市農地がその原因とされ、パターン化された悪口ともいえる「都市農業バッシング」がマスコミを通じて飛び交った。その結果、都市農業・農地に対する議論が国民的関心を呼んだ。

作家の江波戸（えばと）哲夫は、当時の様子を次のように述べている。

「この数年、東京の農地はひどく肩身の狭い思いをさせられている。

もちろん、農地だけではなく、それを経営している農家も『坊主憎けりゃ、袈裟（けさ）まで憎い』とばかりに、すでにパターン化された悪口を投げつけられつづけている。

たとえば、『こんなに地価の高い東京の畑で、キャベツなんかつくっている百姓は、正気の沙汰とは思われない』

あるいは、『彼らは税金のがれ（または資産の値上り待ち）のために、見せかけだけの農業をやっているにすぎない』

はたまた、『東京の地価が高いのは、彼らが農地を提供しないために、宅地の供給不足になっているからだ』

こんな論調が毎日のようにマスコミにのって飛び交うので、『東京から農地をなくすこと』が社会的正義であるかのような錯覚が、首都圏の多くの人びと、とくに住宅難のサラリーマンたちの頭のなかにしっかりと棲みついてしまったようだ[8]」

都市農地の転用を促進させたとしても、地価下落には直接結びつかないうえに、無秩序な都市建設の延長で都市農地を吐き出させても、決して望ましい都市づくりにはならないが、住宅政策、都市計画の失敗を回復できないため、都市農地がその犠牲者になってしまったというのが実情であった。

再編される都市農業・農地

内需拡大と土地供給量の増大で地価抑制が結びつき、都市農地の転用促進が声高に謳われるようになる中で、1991年には「長期営農継続農地制度」の廃止、「生産緑地法」の改正（92年に施行）が行われた。三大都市圏の特定市における市街化区域内の農家は、農地を保全する「生産緑地」と、従来どおり宅地化を進める「宅地化農地」、どちらかの選択を迫られた。「都市農地の再編」という大きな波が押し寄せたのである。

図２－３　三大都市圏の特定市における生産緑地地区等の面積の推移

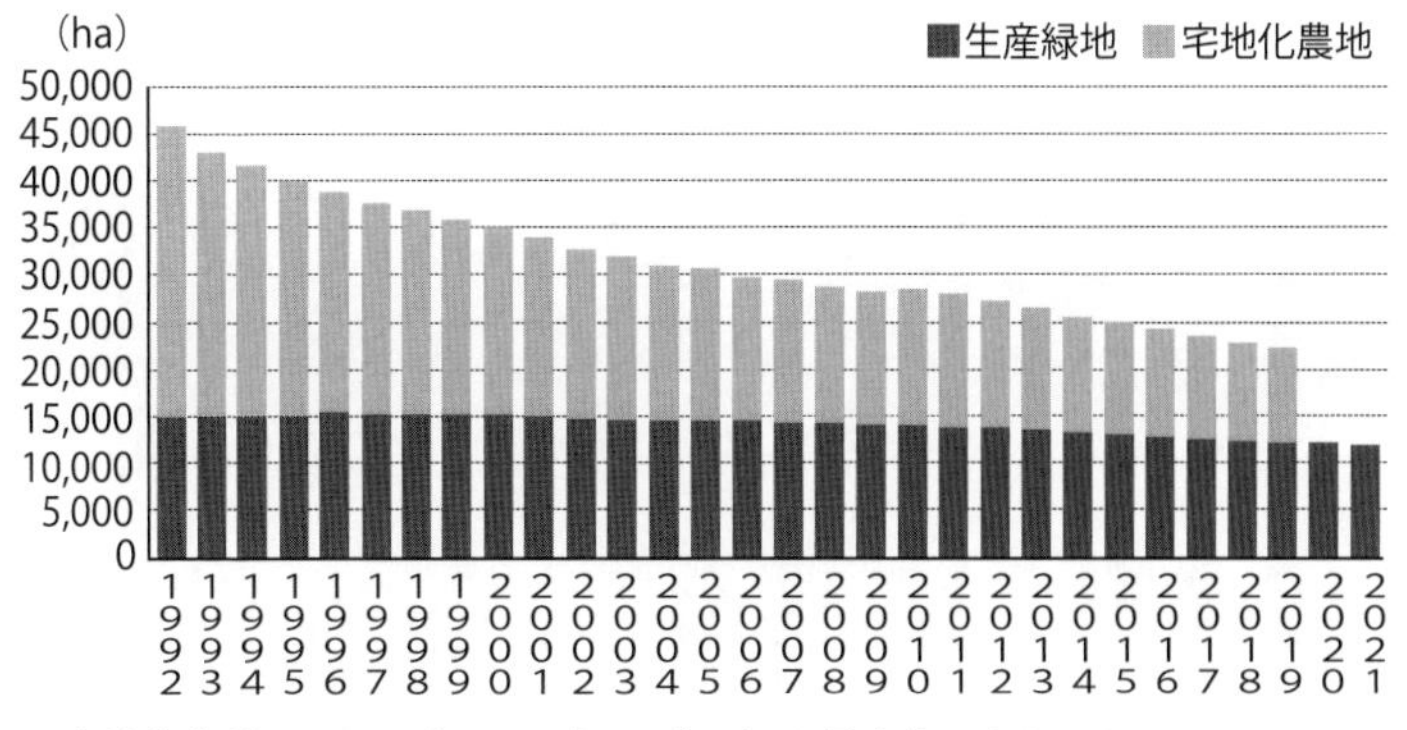

※宅地化農地の 2020 年、21 年のデータは現時点でなし。
（出典）宅地化農地：総務省「固定資産の価格等の概要調書」、生産緑地：国土交通省調べ。

生産緑地の指定を受けないと、農地並み課税、相続税や贈与税の納税猶予制度など優遇措置が適用されず、重税の支払いを強いられるため、市街化区域内農地をもつ農家にとっては「農業を継続するか、宅地にするのか」という「踏み絵」を踏まされることになった。

それを避けるために生産緑地の指定を受けると、農地として管理しなければならない営農義務や、「第三者に売れない・貸せない」「アパートやマンションが建てられない」「お金を借りられない（担保にもならない）」という厳しい制約が課せられ、その期間は生産緑地の指定から30年、または所有者の終身であった。

三大都市圏の特定市における市街化区域内農地は、１９９２年時点で生産緑地が１５１０９ha、宅地化農地が３０６２８haであった。多くの農家が生産緑地の指定を受けない選択をしたが、一方で指定を受けた農家は厳しい条件を受け入れながらも、農地を守り、農業を継続した。現在は、生産緑地が１１８３７ha（２０２１

年)、宅地化農地が1０００3ha(２０１9年)である。市街化区域内農地は半減し、そのうち宅地化農地は3分の1にまで減少してしまった。生産緑地法改正の主たる目的が都市から農地を排除することにあったため、これは当然の帰結であった。

第3期：都市に包摂される農業・農地

バブル経済が崩壊して低成長期を迎えると、１９９０年代半ば以降、食の安全や環境保全、ライフスタイルの見直しなどを背景に、徐々に都市農業の価値が評価される時代へと移行した。

１９９０年代は、農業を取りまく情勢が大きく変化した。そのきっかけは農業構造の脆弱化、リゾート開発構想の破綻など農業・農村の危機的な状況を背景として、92年に「新しい食料・農業・農村政策の方向」が農林水産省より公表されたことである。そこでは、市場原理・競争原理のいっそうの導入が謳われる一方で、生産力と効率性重視の農業から環境保全型農業への転換と推進、農業の多面的機能の発揮[9]、グリーン・ツーリズムの振興など環境保全や都市農村交流という展望の重要性が示された。その後、99年に制定された「食料・農業・農村基本法」で都市農業の振興が謳われたことは象徴的である。

１９９1年の生産緑地法改正や農業を取りまく状況の変化などから、都市農地の保全を目的に農業の多面的機能を発揮する都市農業の振興と関連施策が展開した。たとえば、東京都の動向を見ると、国分寺市は92年に「国分寺市市民農業大学」を開校し、98年から「援農ボランティア推進事業」を開始した。練馬区では、行政が支援する形で96年から農家が農業体験農園を開設した。日野市は、98年に全国で初となる「農業基本条例」を制定し、2005年に援農市民養成講座「農の学校」を開校した。

都市農業の次段階として、「農のあるまちづくり」へと舵が切られ、前述した都市農業不要論に対するアンチテーゼとなり、市民農園や農業体験農園、援農ボランティアなどを代表とする「市民参加」の取り組みが各地で芽生え始めた。

農のあるまちづくりのもうひとつの柱が「地産地消」である。1985年9月の「プラザ合意」以降、円高・ドル安の進行により輸入農産物が急増した結果、国内農業の規模は縮小していった。こうした状況の中、ポストハーベスト農薬(10)など食の安全を脅かす事態が社会問題となり、地産地消に関心が集まるようになった。90年代以降、地産地消に取り組むJAや市町村が徐々に増加し、大型の農産物直売所も設置されるようになった。

同時に、都市農業の経営にも変化が見られるようになった。市場出荷とともに、施設栽培、少量多品目栽培に基づく庭先販売、農産物直売所、スーパーや量販店への出荷など直売型の地域に根ざした農業経営が自治体政策の中で提起されるようになり、農家も模索し始めたのである。

そして、ライフスタイルの変化と多様化がこうした都市農業の新たな展開を後押しした。歴史学者の木村尚三郎は、1988年のバブル経済全盛期に発行した『「耕す文化」の時代』(ダイヤモンド社)の中で、サブタイトルに「セカンド・ルネサンス」とあるように、現代技術文明が成熟した産業社会後の新しい時代の農業の存在意義について、「文化としての農業」という切り口から言及している。

木村は、人間らしく生きるための本質的な部分を軽視し、経済効率のみで農業を切り捨て、工業を基軸とした社会に邁進(まいしん)する姿に警鐘を鳴らした。

「技術文明が成熟した今日、都会にはもはやほんとうに新しいものはない。土と親しむことこそ、これからの私たちにとって最大の喜び、生甲斐、充実感であり、それが最大の課題となる」[11]

人間が人間らしく生きるために農業を「文化」の基礎として考え直す重要な時期に差しかかっているとし、農業こそ生き甲斐や喜びといった人間らしい、改めて新しい生き方を体現できる空間であると指摘している。このような価値観、ライフスタイルの転換も、都市住民が農の営みに向かう大きな背景にあったことはおさえておきたい。

第4期：都市農業振興基本法の意義と限界

2015年4月に「都市農業振興基本法」が制定、翌年5月には「都市農業振興基本計画」が策定された。農地を都市に必要な土地利用として位置付け、従来の「宅地化すべきもの」から「あるべきもの」へと大きく転換し、都市農業の存在意義が見直されたのである。

これ以降、市街化区域内農地に関する法制度も目まぐるしく変化している。その動向を見ると、2017年6月の「生産緑地法」の改正によって生産緑地の面積要件緩和、行為制限の緩和（農産物直売所や農家レストランなどの設置が可能になった）がなされ、「特定生産緑地制度」が創設された。

特定生産緑地制度では、所有者の申請によって生産緑地の買い取り申し出が可能となる時期を10年延長でき、生産緑地を維持していく方向性が打ち出された。生産緑地の約8割が1992年に改正生産緑地法によって指定を受けたが（改正は91年）、2022年に厳しい営農義務が外れ、所有者は自治体に買い取りの申し出が可能となった。生産緑地が売却されるのか、維持されるのかが「2022年問題」として関心を集めたのは記憶に新しい。

2022年12月末時点で特定生産緑地の指定状況は、指定89・3％、非指定10・7％となった。生産緑地面積が多い順に指定割合を見ると、東京都94％、大阪府91％、埼玉県89％、神奈川県92％である[12]。この割合の高さは、各地で自治体、農協、農業委員会などが早くから説明会を開催し、制度への理解を促した成果といえる。

2018年9月には、「都市農地貸借法（都市農地の貸借の円滑化に関する法律）」が成立して生産緑地の貸借がしやすくなり、市民農園を開設するために貸借することもできるようになった。

東京都日野市や小平市では、非農家出身者が生産緑地を借りて独立就農するケースも生まれ[13]、規模拡大や後継者などの就農のため新たな部門の導入、法人（農業法人、社会福祉法人、NPO法人、株式会社）などが生産緑地を積極的に活用している。

このように、都市農業は新たなステージに入ったが、期待と不安が入り交じる。特定生産緑地の指定意向は高い割合を示し、大幅な減少は避けられたが、これですべてが解決したわけではない。非指定の生産緑地も約1割あり、10年ごとの更新で今後さらなる減少が推測される。宅地化農地を含めた市街化区域内農地全体への対策がなく、議論がされていないことも問題である。そのため、これからも都市農地が維持できるように制度自体を変えていく姿勢が求められるだろう。

都市の未来、農の可能性

都市農業への期待は、いつの時代も都市の脆弱性が顕在化する中で高まりを見せている。食やエネルギー、自然環境など生命の再生産を支える基本条件を外部に依存する都市は、想定外のことが起きるとすぐに足元がぐらついてしまうことは誰の目にも明らかで、実際にそうなっている。

こうした状況を踏まえると、都市の未来を考えるキーワードは、「レジリエンス」ではないだろうか。レジリエンスは、「外的な衝撃に耐え、それ自身の機能や構造を失わない力」、すなわち「しなやかな強さ」を意味し、教育や子育て、防災、地域づくり、地球温暖化対策などさまざまな分野で使用されている考え方だ。自然災害だけではなく、高齢化や人口減少などによる変化などさまざまなリスクにどう対応できるのか、国際的にも都市のレジリエンスを高めることが課題となっているという[14]。

何か想定外の事態が起こり、都市の脆弱性が表面化した後に都市農業を評価するのではなく、「都市には農業、農地が必要である」ことを前提にしたレジリエンスの向上が持続可能な都市づくりには求められている。都市農業は、都市のレジリエンス向上にどのような力を発揮することができるのだろうか。

ひとつめは、都市農業の振興によって、食の自給を積み上げていくことである。都道府県の食料自給率（カロリーベース）を低い順に見ると、2020年度時点で東京都0％、大阪府1％、神奈川県2％、埼玉県10％、愛知県11％、京都府11％となっている。[15] 都市部を多く抱える地域は、食料自給率の低さが際立ち、食料安全保障の観点からもその脆弱性は明らかである。

2020年度時点で、東京都は全国に占める農地面積0・1％に対して総人口11・1％、神奈川県は農地面積0・4％に対して総人口7・3％、大阪府は農地面積0・3％に対して総人口7・0％を抱えている。

都市農業だけで食の自給を大きく引き上げることはできないが、農村との連帯を前提としながら、都市も食料の生産機能を取り戻し、農業と食卓のつながりを太くすることが暮らしの安心に直結する。「都市の中の田舎」と手を取り合うことが必要ではないだろうか。

二つめは、多様な土地利用の共存である（図2－4）。住宅地や

図2－4　都市と農業の包摂モデル

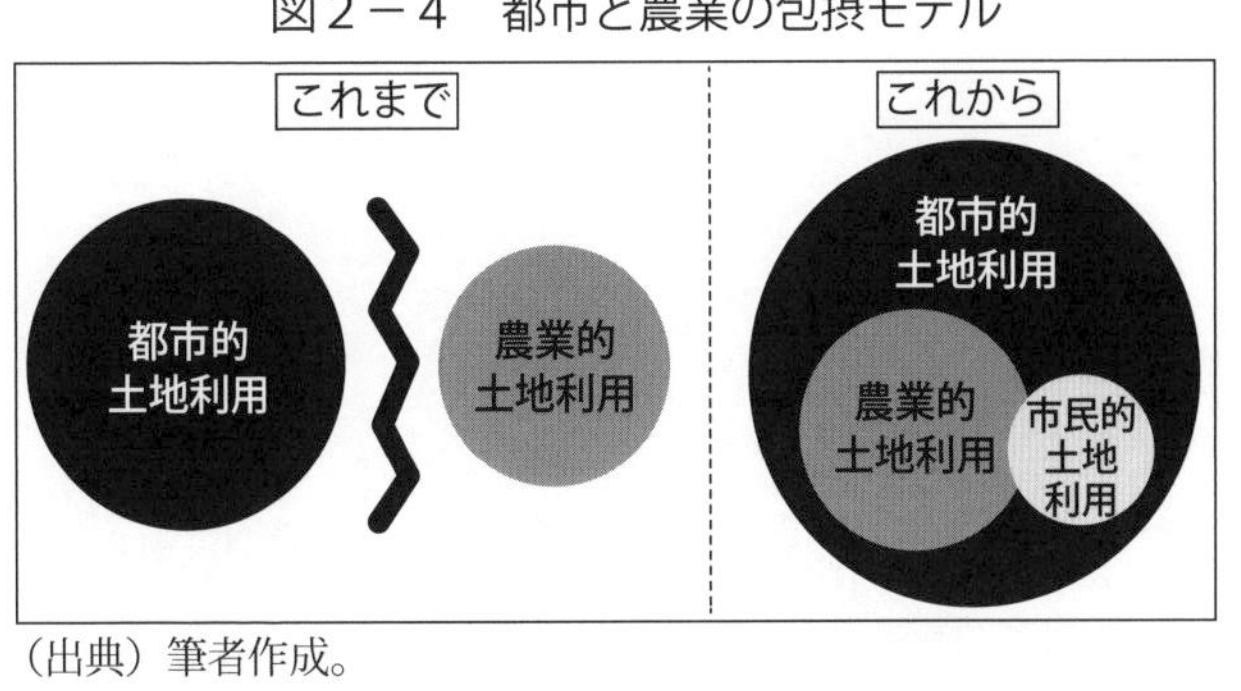

（出典）筆者作成。

工業用地などとして開発を行う都市的土地利用だけでは、地球環境問題というマクロな観点からも、生活の質の向上というミクロな観点からも、健全な都市とはいえない。

現在、都市でも高齢化と人口減少が同時に進行し、これまで都市計画の前提となっていた人口の増大は見込めず、今後は縮小し、「縮退」の局面に移行しつつある。都市的土地利用をスケールダウンしながら、地産地消を支える農業的土地利用とそれに基づいて市民参加を支える市民的土地利用が上手に共存してこそ、持続可能な都市になる。

都市農業振興基本法では、都市農業への評価が「多様な機能」という言葉で示された。農業の多面的機能に「防災[16]」「農作業体験・学習・交流の場の提供」「農業に対する理解醸成」が加わった。とりわけ、体験・学習・交流を通じた農業への理解醸成は、消費者との近接性を活かした都市農業固有の機能として期待されている。

地産地消と市民参加は、農業的土地利用の維持・発展が前提になる。先進諸国の都市を見ても、産業としての本格的な農業が存在しているのは日本の大きな特徴である。つまり、農業的土地利用と市民的土地利用を都市的土地利用に包摂することで、都市農業の多様な機能の発揮を通じた都市のレジリエンス向上が実現できるのではないだろうか。

三つめは、少し角度を変え、農の営みを「つくる」ことである。日本は、城壁を境に都市と農村がはっきり分離されていたヨーロッパとは異なり、「混住化」といわれる独特の都市空間となった。そのため、都市農業の振興は、都市にある農地をいかに「守る」ことができるかが焦点となる。

一方で、都市と農村を峻別し、都市を都市として純化した欧米の都市でも、農的な空間と要素を取り戻そうとする動きが生まれている。フードライターのジェニファー・コックラル＝キングがパリやロンドン、バンクーバー、シカゴ、キューバなど世界の都市で起こっている都市農業ムーブメントの姿を描いた『シティ・ファーマー』（白水社、2014年）では、屋上や空き地などを有効活用し、都市に農の空間をつくり出す実践が紹介されている。[17]

日本でも、農地を利用するだけではなく、屋上やベランダにプランターを並べ、小さな庭を耕す家庭菜園のように農の営みをつくり出し、食の自給を少しずつ暮らしに取り入れる取り組みが盛んである。農の営みを守ることとつくり出すこと、この二つの営みが交錯することで都市における農の可能性を大きく広げていくことができる。

（1）東京都生活文化局「令和2年度第1回インターネット都政モニターアンケート『東京の農業・水産業』調査結果」（2020年9月）
（2）渡辺善次郎『都市と農村の間――都市近郊農業史論』論創社、1983年。
（3）並木正吉『農村は変わる』岩波新書、1960年、iページ。
（4）スプロールとは、「sprawl」のことで、「無計画に広がる」「ぶざまに広がる」などを意味する。
（5）都市農業については、統一的な概念や明確な定義は存在していないが、「農林統計（農業地域類型）における『都市的地域』で行われている農業」「新都市計画法における『市街化区域』で行われている農業」「新都市計画法における『市街化区域』『市街化調整区域』で行われている農業」という3つの捉え方がある。都市農業という言葉を使用する場合、このいずれかを指している。農業生産面では、農林統計で用いられている都市的地域をもって都市農業とみなすことが多く、農業税制面では新都市計画法に基づいて市街化区域内で行われている農業を指して都市農業ということが一般的だが、広い意味では市街化調整区域内を含めることも多い。

(6)神奈川県横浜市は、1965年の港北ニュータウン計画との関連で都市農業の概念を整理し、都市の中に散在的に残存した農業はやがて消滅する運命をたどる「経過的都市農業」とし、それに対して「計画的都市農業」という考え方を打ち出した。農業区域をゾーニングし、そこに支援を積極的に行う「農業専用地区制度」を開始し、まとまりのある農地は農業専用地区に指定し、農地整備などの施策が行われた。新都市計画法の線引きでは、この農業専用地区を市街化調整区域に指定し、計画的に保全した。

(7)後藤光蔵『都市農地の市民的利用――成熟社会の「農」を探る』日本経済評論社、2003年。

(8)江波戸哲夫「宅地並み課税しても地価は下がらない」原剛・江波戸哲夫・渡辺善次郎『東京に農地があってなぜ悪い』学陽書房、1991年、10ページ。

(9)農村には農地や農業用水、生態系、農村景観など多様な地域資源が存在し、その中でも、農地は農業生産とともに、国民の暮らしを守る最も基礎的な資源といえる。食料の安定供給とともに、生産活動を通じて「国土の保全」「水源のかん養」「自然環境の保全」「生物多様性の保全」「良好な景観の形成」「気候の緩和」「文化の伝承」など多面的機能の発揮に不可欠な社会インフラである。

(10)ポストハーベスト農薬とは、輸送・保管中などに虫やカビの発生を防ぐために収穫後、直接散布する農薬を指す。日本では使用が禁止され、1980年代後半、輸入小麦や果実で問題となった。

(11)木村尚三郎『「耕す文化」の時代――セカンド・ルネサンスの道』ダイヤモンド社、1988年、198〜199ページ。

(12)国土交通省「特定生産緑地の指定状況」https://www.mlit.go.jp/toshi/park/content/001423308.pdf（最終

アクセス２０２３年４月10日)。

(13) 東京都では、２００９年に瑞穂町で独立就農者が初めて誕生した。一般社団法人東京都農業会議と各自治体が連携し、独立就農の広がりと定着をサポートしている。市街化調整区域における遊休農地の増加が背景にあり、たとえば、町田市や八王子市では農業委員会の取り組みによって遊休農地を集積し、独立就農者などの担い手にマッチングする独自の事業を展開した。

(14) 枝廣淳子『レジリエンスとは何か――何があっても折れないこころ、暮らし、地域、社会をつくる』東洋経済新報社、２０１５年。

(15) 農林水産省ホームページ「都道府県の食料自給率」https://www.maff.go.jp/j/zyukyu/zikyu_ritu/zikyu_10.html (最終アクセス２０２３年４月12日)。

(16) 都市農地は、火災による延焼を遮断するオープンスペース、災害発生時の一時避難場所や炊出しなどを行う災害支援拠点、仮設住宅を建設するための用地、復旧用資材置き場として機能する。自治体は、「防災農地」「防災協力農地」などの名称で登録を進めている。

(17) ジェニファー・コックラル＝キング著、白井和宏訳『シティ・ファーマー――世界の都市で始まる食料自給革命』白水社、２０１４年。

参考文献

小口広太『日本の食と農の未来――「持続可能な食卓」を考える』光文社新書、２０２１年。

北沢俊春・本木賢太郎・松澤龍人編著『これで守れる 都市農業・農地』農山漁村文化協会、２０１９年。

田代洋一編『計画的都市農業への挑戦』日本経済評論社、１９９１年。

第Ⅱ部

都市を耕し、暮らしをつくる

第3章 耕す力が人を育てる

小島　希世子

私は、神奈川県藤沢市の野菜農家です。「野菜農家」といっても、広大な大自然の中で、野菜を産業としてがっつり生産しているというよりは、ちょっと都会でちょっと田舎でもある藤沢の地で自然の力をお借りして、ひっそりと年間20種類程度の野菜を育てている「農家」です。

「人類は農作物からエネルギーを摂取しないと生きてはいけない」。それは、どんなに恵まれた人でも、苦しい立場の人でも、子どもも大人も、どの国に生まれても、普遍の事実です。だからこそ、太陽の光と雨水、土、雑草、昆虫など、極力身の回りに存在するものだけを使って栽培ができる方法を模索しながら野菜作りをしています。名付けて「雑草昆虫農法」。

農業においては敵とみなされる雑草や昆虫を逆の発想で味方につけ、それらを有機物と捉え、増やしていき、循環をつくる栽培方法です。一見、野菜作りに不要と思われるような雑草や昆虫も、駆除せずに緩い付き合いをしていると、いつしか共存関係を築くようになり、私たちの野菜作りを助けてくれたりすることがあります。たとえば、雑草が存在することで水分の蒸発を防いでくれるので保湿になったり、虫が出すフンなどが土の栄養になってくれたり。

短期的な利益を求められる農業という産業では、役に立ちそうなものを「野菜」「益虫」、役に立たないものを「雑草」「害虫」と区分しています。しかし、少しだけ視点をずらしてみると、いつの間にかどんな生きものも、今の時代を共に生きる自分と同じ「生命体」といった存在感を放つようになります。

また、人間以外の無数の生きものの生と死が常に交錯している「畑」という場は、食料生産の場でありながら、人間という生きものの価値観を揺るがすような経験を与えてくれることもあります。農作業を通じて自分の新しい一面を発見する場となったり、天候などによる不作を経験することで、自然への畏怖の念とある種の諦観を感じる「学びの場」となったりします。

さらに、「野菜を育て上げる」という小さな成功体験を積み重ねて自信を取り戻す場となったり、炎天下での農作業を経験することを通じて、心身のトレーニングの場となってくれることもあります。

私は「農家」という立場で、こういった「畑」という場がもつ力を生かした取り組みをいくつかやっています。

① 都会の生活者が、野菜作りを楽しみながら学ぶことができる「体験農園コトモファーム」
② 独立就農・移住を目指す人のための「農起業講座」
③ 雇用就農・サラリーマンとして農業界で働くことを目指す人のための就農プログラム「農スクール」

本章ではこの三つの取り組みについてお話します。

体験農園コトモファーム

ひとつめの「体験農園コトモファーム」は藤沢市にあります。コトモファームは会員制の体験農園で、会員になると、自分だけの体験区画（22㎡相当）で、種まきから収穫まで年間20種類の野菜作りを楽しめます。農機具レンタルや種苗の配布があるため、手ぶらで参加でき、毎週の野菜作りや日曜講習・毎週発行のメールマガジンなどのサポートで、野菜作りが初めての人も気軽にチャレンジできます。

年齢層は、なんと0歳から80代まで。「コトモファーム」の名前の由来は、〝「こ」どももお「と」な「も」楽しめる〟の略からきています。親子連れ、定年退職後の夫婦、将来田舎暮らしがしたい若い社会人、大学生、会社などでの団体利用など、多様な人たちが、利用しています。

当初は、6組の会員利用だけでしたが、オープンから12年がたった現在では、２５０組の家族が利用していて、年間延べ2万人が来園するようになりました。藤沢市だけでなく、東京や埼玉、千葉から、高速道路を使って通う会員もいます。

そんな畑の利用者の声をいくつか紹介します。

「……お絵描きするときに普通の子はクマさんとか動物を描くと思うんですけど、うちの子は里芋とかエンドウ豆とか描いたりするんです。普段目にしているから印象に残ってるみたいで。

家の近くだと虫に触れ合うこともないですけど、畑にはバッタやカエルがいたりとかして、いろいろな生きものに触れられているのも楽しんでくれているようです。」(Hさん　30代・男性)

「畑に行くと元気になるし、リフレッシュできるんですよね。現在パートナーと一緒に住んでいるのですが、パートナーは会計士で数字を扱い、私は編集で言葉を扱っているので、常に頭の中は数字だらけ、言葉だらけ。いつも頭を使って仕事をしています。

でも、考え続けているとストレスがたまるし、目や腰が痛くなるし、座りっぱなしって正直体にはあまりよくないんですよね。『もう疲れたな』というときに、気分転換のために二人で畑に行くという選択肢ができました。」(Kさん　40代・女性)

「僕は無農薬、無肥料、無水で固定種を育てているのですが、無肥料だし水もあげないし楽なのかなと思っていたら逆で、自然の力だけで作るから気温など自然に左右されることも多く、……畑に来て四季を感じながら僕自身が自然の中で生かされているのを実感しています。」(Sさん　50代・男性)

子どもの情操教育・食育・心の癒し・レクリエーション・メンタルヘルス・環境問題への意識・食の安全・健康の確保など、利用者によって、目的はいろいろですが、その目的に応じて、いろんなシーンを提供してくれるところも畑の魅力だと感じます。

対極にある二つの価値観が入り交じる場所

また、人と人との関係性に面白味を感じることも。土と向き合うことを楽しみに一人で畑に通う人もいますし、家族や友人と一緒の人もいます。そして、地域で根付いて活動していると不思議なつながりに遭遇することもあります。

昔同僚だった人と数年ぶりに会ったり、高校時代の同級生と20年ぶりに再会したり、子どもの担任の先生と畑でばったり……なんてドラマがあります。会員同士が、自然に自分たちが作った野菜を交換し合う仲になったり、一緒に梅干しや味噌を作る会に参加するようになったり。

一人になりたいときは一人になれて土に向き合える。家族や大切な人と一緒に野菜作りもできる。ほかの人とも関わりたいときは緩くつながれる、それがコトモファーム。

会員同士が、がっちりでもなく、お互い無関心でもなく、何となく有機的につながっている感じが、私が生まれ育った農村のウェットさと、神奈川に出てきて感じた都市のドライさが、私好みの割合で共存していて、大好きなコミュニティなのです。

そして、都市と農村が共存する領域、「消費者」と「生産者」の垣根を超える活動の場でもあるコトモファームでは、中には「生産者になりたい！」という会員もいます。「将来、農園を造って、農業を仕事にしていきたい。そういった講座をやってくれないか」という相談や田舎への移住に関する相談をされるようになり、そこで生まれたのが、次の「農起業講座」です。

農起業講座

二つめの独立就農や移住を目指す人のための「農起業講座」は、自己資金で小さく始めて、小さく長く事業を営んで生計を立てていくような経営プラン、いわば「暮らしのプラン」を立てる講座です。

熊本生まれ熊本育ちの私が、故郷から遠く離れた神奈川で、どうやって農地を借り、どんな手順で農機具を手にしていったのか、周りの人たちにどのような協力をいただき、どのくらいの歳月をかけて農園を造り上げてきたかなど、「自分が歩いてきた道」はお伝えすることができます。たくさんの小さな挑戦や失敗から見つけた成功の種をまき、時間をかけて育て、楽ではないけど楽しく長く生き延びる、自分の〝暮らしのプラン〟をつくってきました。

もちろん、今でも日々失敗しながら試行錯誤しながら生きていますが、始めた頃は10坪だった畑も、現在2町5反（約2・5ha）になりました。

そんな経験をもとに、「私が歩いてきた道」と「独立農家になる前にこの知識や情報を知っておけば、こんな苦労や遠回りしなかった！」を詰め込んだ講座になります。

具体的には、超少人数制（定員6人程度）で、座学あり実践ありのカリキュラムです。実践では、農業資材の使い方や刈り払い機、管理機、播種（はしゅ）機、ハンマーナイフ、トラクターなどを使ってもらいながら、全員で2反の畑を管理していきます。

「機械とがっつり触れ合える機会」これぞ少人数制の醍醐味だと思います。一度、機械を使い込んでおけば、「何時間かければどのくらい作業が進むか」というのを肌感覚で習得できるので、「この機械は買っておこう」「この機械はやめておこう」ということを独立就農する前にある程度決めることができます。農業機械は同僚や相棒みたいな存在なので、「この部署に人が足りないから、何人採用しよう」というような、ある意味、スタッフの採用活動に近いかもしれません。

座学では、「農薬を使わない野菜作り」の基礎となる土壌微生物の基礎的な知識や植物そのものの作りなどを学んでもらいます。栽培方法の確立は、自然とどう向き合うかというふるまいのうえに再現性を組み立てる作業なので、自然科学の基礎を学んでおくことで、栽培方法の違いに対する理解を深めることもできるようになります。

家庭菜園の本で先生や農法ごとにまったく違った管理方法が書いてあって混乱しそうな場面でも、「なるほど。この本を書いた先生はこういう自然へのアプローチの仕方をするのか」というふうに、納得できるようになります。

もちろん、自然相手ですし、実際に人間の知性で把握できている世界はごくわずかなので、机上で考えるとおりにうまくいかないことも多々あるのですが、プログラムを通じて大げさにいうと、〝自分なりの栽培方法〟すらも確立できるようになります。

自然を相手にする仕事ではあるものの、人間社会の制度の中で活動せざるを得ないため、農園を設立するための事業計画書を作ったり、農地を借りるためには何が必要かなど、法制度や文化的慣習なども学んでいきます。

さて、実際に、上級者コースを受講し、現在は農業界で活躍している50代・男性の声を一部紹介します。

50代で銀行マンから農家への転身

大学を卒業してから26年間、日本と外国の金融機関でがむしゃらに働いてきました。……毎日毎日ノルマ（数字）に追われ身も心もボロボロでした。息子が成人したのをきっかけに「そろそろがむしゃらサラリーマンももういいかなぁ」と思い会社を辞めて、次の人生どうしようかなと時間を持て余していました。そこへ友人から「どうせ暇だったらコトモファームの農園見学、一緒に行ってみませんか？」と。

天気もよく、小島さんがゆる〜い感じで日曜講習しているところを見学し、会員の人たちが笑顔で農作業しているところを見て、「あれ、なんだか時間の流れ方がこれまでの自分とは全然違うなぁ」と感じ、友人につられる形で何となくコトモファームを始めることに。

天地返しや畝（うね）作りで手の皮がむけ全身筋肉痛になりながらも心地よい汗を流し、種や苗を植えると「早く育ってくれないかなぁ」とワクワク感。……これまでの人生で農業や野菜作りにまったく興味がなかった分、新しい発見が毎日あって「ニンジンの芽は雑草みたいだな、ニンニクは一かけら植えるだけで丸いかたまりに成長するんだ、ジャガイモは1コの種イモから数十個も収穫できるのか」とドンドン夢中になり、野菜作りの魅力に引き込まれていきました。

せっせと畑に通っていたある日、小島さんから、農業（野菜作り）は人を元気にして、自信を取り戻し、社会復帰のきっかけにもなりえるという不思議な魔力の話を聞かされました。確かに振り返ってみると、サラリーマン時代に身も心もボロボロだった自分自身が、コトモファームで野菜作りを始めるようになってから、家族に「お父さん、畑に行くようになって明るくなったね」「パパ、最近は楽しそうで生き生きしてるね」と言われるようになっていました。

……本当にものの見方や考え方、価値観が大きく変わりました。これまでは現在の資本主義社会の中でいかに効率的に経済価値を得ることができるかを最優先して生きてきましたが、コトモファーム・農スクールと出会い、無農薬の野菜作りを体験する過程において自然（お日様や雨、昆虫や微生物、雑草など）のありがたみや食の大切さ（自分で作る無農薬野菜の美味しさ、安全性）を生まれて初めて知りました。

そして「農業」で人は立ち直り、自信や笑顔を取り戻せることも実感しました。

自分にもできる社会貢献のひとつが「農業」（無農薬の野菜作り）に携わることであると強く確信したことから、どのような形であれ、第二の人生では農業を仕事にしていこうと決心しま

した。（50代・男性）

このように、畑は、人間と人間以外の生命体、人間社会と自然界とが交差する空間だからこそ、人の価値観を揺るがし、彼のようにキャリアプランから生き様までを変えてしまうような体験を与えてくれるのではないかと思うのです。

農スクール

最後に、三つめの取り組み、雇用就農・サラリーマンとして農業界で働くことを目指す人のための就農プログラム「農スクール」についてお話しします。

農業には、自分が経営者になって農業を営んでいく独立農家以外に、雇用されて農業をする農家サラリーマン、つまり雇用就農という道があります。

仕事がない人や働きづらさを抱える人と人手不足の農業法人をつなぐ活動を、2009年からNPO「農スクール」という団体をつくり取り組んでいます（13年に法人化）。この取り組みを通じて、ホームレスだった人や、引きこもり状態だった人が、農村に移住したり、農業法人の正社員やアルバイトになりました。小さな活動ですが、この15年間で約50人が就職しています。

具体的には、働きづらさを抱える人に就農支援プログラムを受けてもらい、適材適所を発見して、農業界で活躍してもらう取り組みです。

プログラムは2部構成になっていて、自社農場での野菜作りプログラム（＝導入編）を3カ月、その後10軒の農家・農園を回る「農家実習プログラム」（＝基礎編）3カ月の、合計半年間の構成となっています。活動頻度は、週1回2時間です。

本プログラムに参加した、引きこもり状態にあった20代の男性の声を紹介します。

草を刈って、畑を作る。土を耕し、種をまく。単純だけど引きこもりだった自分には重労働で。それでも疲労感の中に確かな達成感があって。そんな2時間を週に1回続けているうちに、自分を卑下する気持ちが薄れていきました。緑あふれる外に出て、体を動かして、野菜を育てる。そんな流れに、確かな達成感を抱いて、徐々に自信を取り戻していきました。

「自分は何もできない」から「自分はこんなにできる」に変わっていったのです。

「過去の失敗に引きずられる」回想志向から「将来、農家になって自立したい」といった未来志向へ、この想像を超える変化を、本人が自力で起こしていくことができる理由は「農がもつ力」なのではないかと思うのです。

農がもつ、人を変える力

この「農がもつ力」には次の三つの要素が含まれています。

①野菜を育て上げることで、自分への自信を取り戻す

土を耕す、種をまく、芽が出る、手をかけると少しずつ育っていく、野菜が育った、育った野菜を食べたら美味しかった――この一連の「小さな種から野菜を育て上げる」という行為は、小さな成功体験の繰り返しでもあります。

小さな成功体験の積み重ねこそが、「自分には無理かも」「自分にはできない」が、「自分にもできるかも」「自分はこんなにできる」に変わっていく原動力に。自分への自信を少しでも回復できれば、自分自身を信じることができるようになり、前へ進めるようになります。

②生きていることを実感する場になる

畑にはたくさんの生きものがいて、命にあふれています。土の中にだってたくさんいるし、野菜も生きているから育ちます。実際にそれを目にすることで「自分も生きてていいんだ」と心の底から思えて命そのものの価値を実感できる場、それが畑なのです。

また、人の悩みは、人間関係・仕事・お金・将来……人間社会という枠の中での悩みが多くを占めます。畑には人間以外の生きものの世界が広がっています。

③青空の下での共同作業がコミュニケーションの場に

農作業は、草むしりのように土に向き合って一人でコツコツできることから、キュウリネット張りなど、2人でやったほうが効率のいい作業など、多岐にわたります。相手の動きから情報を読み取って、会話を交わさなくとも、「人とのコミュニケーション」がとれることもあります。

また、青空の下・壁がない畑という開放的空間では、心が広々となるため、「なぜか久しぶりに人と話せてしまった…」ということだって起きることもあります。

人は、野菜を育てながら、同時に、自分自身を育てているのです。

農家実習プログラム

この小さな自社農園で行う野菜作りプログラムの後は、地域にみんなで出ていき、10カ所の農家・農園へ週替わりでおじゃましていく「農家実習プログラム」が始まります。

夫婦2人とパート1人の農園、家族5人と正社員1、2名の農園、50人規模の企業型の農園などさまざまな規模、野菜・畜産・米・苗など、多様なスタイルの農園で農作業を体験します。

農業体験の中で、経営者とも話せる機会があり、農園が求める人材像や従業員に求める作業など、農園が違うと求められることも違うということを実際に認識することができます。

このプログラムを通じて、「自分はどんな業務内容が向いているのか」「どんな雰囲気の農園が合うのか」、逆に「どんな業務内容は向いていないか」「どんな雰囲気の農園が苦手か」を相対的に見ることができるので、いち早く自分の適材適所を知ることができます。

「適材適所だと自分が活躍できる場があるんだ!」ということを、本人自身が実感できるようになってくると、就職意欲が高まり、就職活動もうまくいくような好循環に入っていきます。

これまでの修了生の中には、自分の名前以外の漢字は読み書きができないけれど体力には自信がある人が、事務作業がほとんどなく、畑での生産・収穫や出荷が中心の農業の生産の現場に就職したこともあります。他人との会話が苦手でほとんどしゃべらないけれど観察力に優れた人が、同じく無口で観察力があり腕のいい農家さんのところに就職したこともあります。また、人の気持ちに敏感すぎて対人関係の仕事が難しい人が、人との接点が少ない畜産の現場に就職したこともあります。

現代において、就労に必要な能力にあげられがちなコミュニケーション能力についても、農業では必ずしも必要とされていないことも多々あることを実感しました。

シンプルに適材適所を極める

今の社会では「仕事」において、「適している／適していない」ということがよくいわれます。それは単に人間が作った基準なのですが、分業が生まれる以前から存在していたような錯覚に陥ってしまうことがあり、「優秀／優秀でない」という基準にすり替えられてしまうことが起きてしまっています。

「優秀／優秀でない」という固定観念ともいうべき指標に惑わされず、「適している／適していない」という分業の原点ともいうべき概念で物事を見ていくと、適材適所が浮かび上がってきます。

これは、野菜の「適地適作」に似ています。

ある野菜の種がありました。

この地域でも育ててみようと種をまいてみたのですが、うまく発芽しませんでした。

そこで、ここからちょっと離れた畑に持っていき、種をまいたところ、しっかり発芽してたくましく育った、ということが起きました。


こういった経験は、野菜作りを経験したことがある人であれば、多くの人が経験している話で、何も特別な話ではありません。

時に農スクールのプログラムは、一見複雑に見えるようですが、実際のところは、野菜作りで「適地適作」を目指すのと同じように、シンプルに適材適所を極めていっているにすぎないのです。

独立就農？　雇用就農？

「独立就農 or 雇用就農」についての議論が受講生の間ではよく起きます。自由度は高いが自己責任が伴う独立就農と、雇用された農園のルールに従って働くことで、安定した収入を得られる雇用就農のどちらへ進むべきか——。自分に「適している／適していない」の軸、理由はないけど「好き／嫌い」の軸、どの要素で判断していけばいいのか、いわば自分の価値基準のものさしは、何なのか——。

悩ましい問題ですが、農ある暮らしのプランをどう組み立てるかという問題は、「今後の自分の人生をどう生きたいか」という問いでもあります。判断するための自分のものさしは、自分の人生を自分が主役として生きるための必須アイテムです。

ここで、ものさし作りにも一肌脱いでくれるのが、みんなで行う「農作業」です。

人材育成の分野などで出てくる「ジョハリの窓（Johari window）」という考え方があります。「ジョハリの窓」では、自己を「4つの窓」に分類するといわれています。

自分も他者も知っている自己は「開放の窓（open self）」に、自分は知っているけど他者は知らない自己は「秘密の窓（hidden self）」に、自分は知らないが他者は知っている自己は「盲点の窓（blind self）」、自分も他者も知らない自己は「未知の窓（unknown self）」にあると考えられています。他者からのフィードバックや自己開示が進めば、「秘密の窓」や「盲点の窓」の領域が、「開放の窓」の領域となっていきます（表3−1）。

「ジョハリの窓」の概念を借りて説明するならば、畑という場は、とりわけ非日常的空間で、日常で行わない作業をすることにより、「未知の窓」の領域にある自分の新たな一面を発見できます。また、他者と共に農作業を行うことで、「秘密の窓」や「盲点の窓」の領域が、「開放の窓」の領域となっていくのに格好の場なのです。

また、畑では他者からのフィードバックや自己開示が、必ずしも言語によるコミュニケーションを介するとは限らず、動作やまなざしといった身体性を伴う非言語コミュニケーションを介し

表3－1　ジョハリの窓

	自分は知っている	自分は知らない
他者は知っている	開放の窓 (open self)	盲点の窓 (blind self)
他者は知らない	秘密の窓 (hidden self)	未知の窓 (unknown self)

（出典）筆者作成。

て行われることもあります。このような言語以外のツールを使った自己理解も進むため、新たなものさしを手に入れやすくなります。

自分の心身を育て、世界を耕す「農」

農スクールは日本語表記だと「農スクール」、英語表記だと「know-school」と名付けています。「己を知る農」という思いを込めました。

「野菜作りを覚えたことで、将来への不安が少し減った気がする」と家庭菜園を楽しみに来る人、独立農家や農家サラリーマンを目指す人など、多くの人たちに野菜作りを教えてきましたが、不思議なことにこの声をいろんな場面で耳にしてきました。

なぜ、多くの人がそう感じ言葉にするのか、自分なりに考えてみました。

安定した人間社会と不安定な自然界という2つの世界。でも、一見、安定した構造に見える人間社会も、よくよく直視すると、人間関係、仕事、住宅、生活、病気、災害など、実のところは不確かさと不安定さにまみれた世界です。

農業という仕事は、先が読めない天候、山から畑に食料を食べに来る小動物、気まぐれなカラス、環境によって増えたり減ったりする野菜が大好きな虫などに悩まされる、自然界の不確かさと不安定さに満ちあふれた世界です。

この不確かで不安定さばかりの畑の世界で、自分の手で、自分の食べるものを生み出し、しっかり自分の手でつかむことができたとき、この手の中に確かなもの（食料）が存在すると実感し、「ちょっとだけ先の明るい未来」が見えた気がして、安心できるのかもしれません。

喜びに心がおどる日も、無力さを感じるときも、いつだって畑は私たちを受け入れてくれます。種をまき、焦らず見守っていると、どんなに小さな種でも、「芽」という命が、ひょっこり土の中から顔を見せてくれます。

そんなに難しいことは考えず、「農」の世界へ一歩踏み出してもらえるとうれしいです。

「農」に触れた人たちの一人ひとりの意識がちょっとだけ変わると、小さな力が束になって、きっと世界が変わるから。

第4章　団地の中に畑がある生活

細越　雄太

はじめに

東京都目黒区で生まれ育った私が、農がもつ魅力や可能性に魅せられて15年近くがたつ。途上国の農業支援をきっかけとして、日本各地やベトナム、タンザニア、アメリカ、フランスで農業を学ぶ中で関心を深めていった。現在は「農業×○○で社会問題の99%は解決する」をミッションに掲げた株式会社「農業企画」にて、農を活用した企業研修、食育、コミュニティづくりなどを行っている。本書ではその活動のひとつである、「ハラッパ団地」における農を中心としたコミュニティ「ハタケ部」について紹介する。

農の力で都市は変われるか

さて、本題に入る前に本書のテーマである「農の力で都市は変われるか」について考えたい。そもそも都市は変わる必要があるのだろうか。それを探るためにまず、都市とは何かについて考えてみたいと思う。

東京大学生産技術研究所の林憲吾氏は「都市とは、都市だけでは成り立たない存在」と定義している。[1] 都市の例として東京を思い描いてみるとわかりやすい。「国土交通白書２０２０」によると２０１８年時点で東京圏（東京都、埼玉県、千葉県、神奈川県）には、日本の人口の29％（約３７００万人）が集中しているという。しかし、東京には農地がほとんどなく食料は外部に依存している。都道府県別食料自給率（概算値）で、東京は１９９８年度の統計開始以来21年連続で自給率１％だったが、19年度は０・49％となり、四捨五入した数値で発表されるため初めて自給率０％を記録した。[2]

また、男女雇用機会均等化に伴い、現役世代が日中に地域にいないことや住民の頻繁な入れ替わりによって、地域への愛着・帰属意識は低下している。都市ではこのようにしてご近所付き合いの希薄化が起きている。

東京は、公共交通機関が発達し道路も整備され、学校や病院も多く、買い物をするためのスーパーはもちろん、24時間営業のコンビニの光は夜中でも煌々（こうこう）と輝いていて非常に便利だ。しかし、新型コロナウイルスの流行や東日本大震災など、有事の際の都市の脆弱（ぜいじゃく）さはこれまで露呈してきたとおりだ。

都市におけるハード面はすでにデザインされたもので、今から変えるためには莫大なお金と膨大な時間がかかることは想像に難くない。ただ、都市を構成する要素のひとつを「人」とするならば、都市の中で住む人同士がどんな関係性をつくっていくかによって、ソフト面から変えることはできるのではないだろうか。それが農の力であると私は信じており、次に紹介するハラッパ団地での取り組みで実践している。

ハラッパ団地とは

埼玉県草加(そうか)市にある「ハラッパ団地・草加」(以下、ハラッパ団地)は、もともとは1971年に建てられた某企業の社宅であった。東武スカイツリーラインの愛称で親しまれる東武鉄道伊勢崎線の新田(しんでん)駅から徒歩8分ほどのところにあり、上野駅からは約30分、大手町駅まで約40分と都内へのアクセスもよく、通勤する人も多い地域だ。

この地域には以前、「東洋一のマンモス団地」とも呼ばれた大規模団地「草加松原団地」があった。約60haの広大な敷地に連なる草加松原団地は、集合住宅の数324棟、5926戸。前述のとおり都心へのアクセスが便利なこともあり、1962年の入居開始以来この団地は人気を集め、多くの人びとの暮らしを支え、子どもたちの成長を見守ってきた歴史がある。

ハラッパ団地はそんな地域にある。約1800坪の広大な敷地に、鉄筋コンクリート4階建が2棟、総戸数55戸。2018年に全室フルリノベーションが行われ、「昔ながらの、顔の見える関係づくり」をテーマとする賃貸住宅としてハラッパ団地は誕生した。敷地内には中庭の大きな芝生広場(原っぱ)やカフェ(3)、ドッグラン、併設保育園、ピザ窯(がま)、そして畑が併設された。原っぱの広さは約１６０坪で、畑の広さは約１００坪、４つの区画に分かれている。

　私がハラッパ団地に関わったのは２０１８年６月。知り合いの農家が畑を管理しており「手伝ってほしい」と声をかけられたことがきっかけだった。20年3月に前任者が故郷に帰ることとなり、私が畑の管理を引き継ぐことになった。当時の畑は、タマネギやジャガイモ、ハーブ系の野菜などを育てており、当時営業中であったカフェで使用する食材の一部を提供していた。

　しかし、私は引き継ぐ際に、カフェを中心にした畑の活用ではなく、団地住民および団地周辺に住む人のコミュニティを創造する場として畑を活用することを提案した。ハラッパ団地を運営するアミックス株式会社の当時の担当者深澤成嘉（なりよし）氏と現担当者の森永顕光（たかみつ）氏は、その提案を快諾してくれた。こうしてハラッパ団地に「ハタケ部」が誕生した。

ハタケ部創設の背景

　ハタケ部を創設した背景には、農がもつ魅力や可能性に魅せられた私自身の経験がある。最初に農に興味をもったきっかけは、14歳のときに「自分にとっての平和とは何か」を考える機会があったからだ。私は食べるのが大好きで、美味しいものを食べているときは幸せである。この幸せこそが、自分にとっての平和だと気づいた。同時に、美味しいものが食べられて幸せを感じられるのは、日本に住んでいるからかもしれないとも考えた。今日食べるものがない人も少なからず存在している世界に疑問をもち、農業を通した飢餓問題解決を学ぶために東京農業大学への進学を決めた。

大学では、将来的に途上国の現場で重宝される人物になるために、「自国の農業について明るい」「自国以外の農業についても明るい」「英語が話せる」の3点を学びの軸に設定した。また、途上国支援は持続可能でないと意味がないと考えていたので、外部から資源を持ち込まなくてすむ可能性が高い有機農業を中心に学んだ。

日本国内の生産現場へ足を運ぶだけでなく、海外の農業を学ぶために国際農業者交流協会が主催する「アメリカ農業研修プログラム」や、文部科学省が展開する「トビタテ！留学ＪＡＰＡＮ」を利用してベトナム、タンザニア、フランス、アメリカへ農業留学を行った。

日本では、北は北海道から南は沖縄まで、国内の農家のもとで寝食を共にしながら農家の仕事を手伝う「ファームステイ」を行った。長いときには2カ月近くお世話になり、延べ滞在日数は３００日を超えた。

アメリカ農業研修プログラムでは、メイン州のニワトリやウサギを扱う家禽（かきん）農家や、ワシントン州の野菜と果樹の有機農場、カリフォルニア州立大学デービス校にて、約1年半アメリカの農業について学んだ。「トビタテ！留学ＪＡＰＡＮ」では、テーマを決めて約7カ月間の農業留学を行った。ベトナムでは「有機農業とベトナム戦争」、タンザニアでは「伝統的農法と有機農法の違い」、フランスでは「都市農業における有機農業の活用」について学んだ。アメリカでは「オーガニックレストラン Chez Panisse（シェ・パニース）でのインターン」を行った。

農と聞くと食料生産の場のイメージをもつ人が多いと思う。しかし、これらの経験を踏まえて、農には人と人の関係性を生み出すコミュニティ形成としての役割や教育的な側面など、多面的な機能が備わっていることを知って学んでいった。日本でもそのような場を設けたいと常々思っていたが、なかなかその機会には恵まれなかった。しかしこのように縁あって、ハラッパ団地と出会った。

団地の中に畑がある生活

ハラッパ団地は敷地内に畑があることで、住民同士のコミュニティづくりや子どもの食育や自然体験の場としての活用ができている。そしてこれが賃貸住宅としての価値向上にもつながっていることは、築51年のハラッパ団地が家賃も維持、または一部で上昇しているにもかかわらず全室満室かつウェイティングリスト（Waiting List）があることが物語っている。

都市におけるご近所付き合いの希薄化は先に述べたとおりだが、団地の住民同士のコミュニティづくりは畑で農作業を一緒に行うことが近道であるとアメリカ、フランスでの経験から学んだ。

２０１２～13年にかけて、アメリカのワシントン州でお世話になった野菜と果樹の有機農場「Mair（メイヤー） Farm（ファーム） Taki（タキ）」にて農業研修を受けていた。ここでは、ハタケ部を運営するうえで欠かせない畝作りや野菜の育て方など農業技術の基礎を学んだ。また、ここでは、ＣＳＡ（Community

Supported Agriculture）という取り組みを行っていた。
ＣＳＡは地域支援型農業とも訳されるとおり、地域の農家を地域住民が支えるという思想で成り立っている。基本的には半年や1年単位で契約し、消費者が生産者に対して代金を前払いする。生産者は契約形態によるが、およそ月に1回〜週に1回の頻度で消費者に旬の野菜ボックスを届ける。そうすることで、生産者は種苗や資材などの購入費に当てることができ、また、市場価格に左右されずに持続的な農業経営を行える。

Mair Farm TakiのＣＳＡ会員は除草や商品のパック詰めなどの農作業のボランティアに来ていた。彼らは地域の農業を支えたいとの思いでＣＳＡを契約しているわけなので、会員同士の考え方は近いものがある。そのうえで、自分たちが普段食べる美味しい野菜が育てられている農場で、農作業という共同作業を行うので、仲良くなるのは必然なのかもしれない。ひとつ注意したいのは、ここでいう農作業はおしゃべりをしながらできる比較的単純作業といわれる部類の除草やパック詰めであることが大事だ。イメージとしては井戸端会議に近い。

また、２０１５年にはフランスの社会的弱者のためのコミュニティ農場でインターンシップを行った。その農場は、シングルマザーや自殺未遂者、精神疾患患者等、社会的弱者が抱える二つの課題を解決するために、産官学が連携して造られたものだった。

課題のひとつめは、社会的弱者が生鮮食品を購入する機会が少ないことによる栄養不足である。彼らの多くは日本でいうところの生活保護受給者であるが、現金ではなく食品と交換できるコインが支給される。そのコインを交換できる場所も見学したが、日持ちする加工品が山積みだった。そこで、コミュニティ農場では、働いた分に応じて収穫された野菜を支給することで、彼らに不足している新鮮な野菜を補うようにしていた。

課題の二つめは、彼らの多くは孤独であるということだ。コミュニティ農場に来ることで、参加者同士の横のつながりが生まれ、孤独感の軽減にもつながっている。さらに、農作業をすることで土に触れ、日光を浴びることができ、体を動かすことができる。その結果、不安感が減ったり、前向きな気持ちになれたという参加者の声を聞くことができた。実際、農作業にはストレス軽減などの効果があるという研究結果もある。(4)

つまり、住民同士が一緒に農作業という共同作業をすることで、横のつながりが生まれ、コミュニティが生まれるだけではなく、新鮮で美味しい野菜も手に入り、ストレス軽減の効果もあるのだ。

次に、子どもの食育や自然体験の場としての活用についてだが、これについてはパーマカルチャーとエディブル・スクールヤード（食べられる校庭）を学んだ経験が生きている。

パーマカルチャーとは、「永続的（持続的）な農業・文化」を実現するための枠組みだ。「パーマネント（永続性）と農業（アグリカルチャー）、そして文化（カルチャー）を組み合わせた言葉で、永続可能な農業をもとに永続可能な文化、すなわち、人と自然が共に豊かになるような関係を築いていく」ことを目指している。パーマカルチャーには①地球に対する配慮、②人に対する配慮、

③自己に対する配慮、④余剰物の共有という4つの倫理基準があるが、絶対的な正解がなく自由度が高い。各地域の気候や土地、文化に合った独自の方法を提唱しているため、地域の人びとが参加して実践していく中で、地域に根付いた持続可能な社会を築いていくことが重要視されている。

「エディブル・スクールヤード」（以下、ESY）は、「ともに育てともに食べるいのちの教育」を目指す持続可能な生き方のための菜園学習プログラムで、〈必修教科＋栄養教育＋人間形成〉の3つをゴールとし、各々の学習目的を融合させたガーデン（菜園）とキッチンの授業を行う。持続可能な生き方、エコロジーを理解する知性と、自然界と結ぶ情感的な絆を、教育の場で子どもたちに身につけてもらう方法として考案された[5]。

それは、食べること、いのちのつながりを学校で教えることが求められる現代において、画期的な教育モデルとして注目され、発展している。現在、こうした教育は「エディブル・エデュケーション（食べられる教育）」と呼ばれ、全米の公立、私立校で正規の授業として実践され、成果をあげている。一般社団法人エディブル・スクールヤード・ジャパン代表の堀口博子氏、共同代表西村和代氏と出会ったことがきっかけで、日本で長らくエディブル・エデュケーションを実践している東京都多摩市立愛和（あいわ）小学校にて授業の企画や運営に携わらせてもらったことや講師として授業を行ったこともある。

日本の食育との比較

さて、ここまで読んだ方の中には「日本にも『食育』があるが、他国の取り組みとどう違うのか」と疑問をもつ人もいるかと思う。私なりの解釈であるが、違いは大きく二つある。

ひとつめは、日本の食育は、農林水産省が掲げる「食育推進基本計画」の基本的な取組方針のひとつに「食に関する体験活動」と「食育推進活動の実践」を掲げていたり、目標のひとつに「農林漁業体験を経験した国民を増やす」[6]等の記述はあるものの、それらは断片的な体験・情報になってしまいがちであるということである。一方で、ESYの授業は学校内にあるガーデンかキッチンでの実践を伴う。そのため、同じ体験・情報であったとしても体系的に学ぶことができる。

また、日本の食育は、教室内での座学の食に関する授業が多いように感じる。もちろん知識は大事なのだが、知識だけでは役に立たない。それは、私たちもこれまでの経験で理解しているのではないだろうか。ましてや「食育」である。「体育」でスポーツ理論やスポーツ栄養学だけ教えるわけではないのと同様に、食育は食べることにつながる行為があってこその教育なのではないだろうか。

とはいえ、残念ながら東京を中心とした日本の都市部の学校には、ESYのようにガーデンを造る場所がほとんどない。その場合は、私も小学生のときに経験したバケツ稲のように、限られたスペースを有効活用して行うなどの工夫が必要である。

二つめは、日本の食育は、実践の場を通した学びに必修教科との連携要素が含まれていないということである。一方で、ＥＳＹは、先述のとおり他の必修教科との組み合わせで行われている。たとえば、大根、カブ、ホウレンソウ、ニンジン、タマネギなどの野菜は、シルクロードを通って日本へ伝播したと考えられていることから、普段の生活に馴染みの深い野菜を育てることで、社会の授業に絡めて展開できる。また、収穫した野菜を使って計算の仕方を習えば算数の授業に活用することが可能である。教科書から学ぶことも大事だが、五感を使って学ぶことで記憶への定着もよくなるのではないだろうか。

ＥＳＹが子どもたちにもたらす影響は大きい。ＥＳＹは、１９９５年にカリフォルニア州バークレー市にある公立中学校の駐車場のアスファルトをガーデンとして作り変えたことから始まった。果物や野菜、ハーブを栽培できる豊かなガーデンにするために、子どもたちはみんなで土作りをし、耕し、種をまき、野菜を育て、管理を行い、収穫をする。そして、収穫した後はキッチンに運び、みんなで調理する。調理する過程で食材の扱い方や食材がどこから、どのように運ばれてきたかを学び、いのちに感謝しながら調理したものをみんなで食べる。調理の際に出た生ごみはコンポストへと運び、再び作物が育つための準備をする。これら一連の流れを通して、作物の育て方や自然との向き合い方、食材の保存方法、調理技術、栄養に関する知識、発酵と循環、そして、自らが育てたものを仲間と共に食すことの豊かさを学んでいく。

何より、自らが畑作業をすることにより、主体性が育まれる。また、画一的な学びや単純作業の場にならない。ある子は虫に興味をもち、虫の捕獲や観察を始める。別の子は黙々と種まきや草取りをする。また別の子は、作業はしないが全体を見て適材適所を見つけ出し、手が空いている子に指示を出したりする。私みたいな食いしん坊は、つまみ食いもし始める。だが、それでよい。これにより、子どもたちの興味関心や得意な分野を引き出すとともに、新鮮な食材の美味しさや農業の難しさ、農家の尊さを理解し、生涯にわたる健康と本当の意味でのサステナビリティを育むことができる。

ハタケ部では畑で起こることを正解でも失敗でもなく、事実として捉えて問うようにしている。「こっちのタマネギと向こうのタマネギは大きさが異なるけどなぜだろう?」「ここは小松菜の種をまいたけど芽が出ていないのはなんでだろう?」「今年植えていないはずのジャガイモが芽を出しているのはなんでだろう?」「この野菜の中でメロンと同じ仲間がいるけど、どれだろう?」などといったかたちだ。このように問うと子どもたちは自ら考えて発言をしてくれる。ここでは合っているか合っていないかが大事なのではなく、「こうかな?」と興味をもち、考え、発言することが重要だ。ESYで学んだ経験はこのようにハタケ部で生かされている。

コミュニティづくりにこだわる理由

2015年から5年間、私の地元である武蔵小山(東京都品川区・目黒区)にて友人と「武蔵小山ネットワーク(以下、MKN)」というご近所コミュニティを運営していた。地元のコミュニティといってもメンバーで武蔵小山出身者は私だけであり、たまたま武蔵小山に引っ越してきた植原（うえはら）正太郎（しょうたろう）氏、原田剛（たけし）氏、小俣剛貴（おまたごうき）氏らがＭＫＮを立ち上げるタイミングで、共通の友人に声をかけてもらったことがきっかけであった。

　ＭＫＮには「風邪をひいたときにお粥を持って行ける関係性をつくる」というミッションがあった。集まったメンバーがＭＫＮのミッションに合いそうな友人に声をかけていった結果、常時20人前後のメンバーがいるコミュニティとなった。メンバーは一人ひとりバックグラウンドが違うし性格もさまざまだったが、共通していたのは都会で暮らす中で、田舎でよく語られるような相互扶助を求めていたことであった。そんなメンバーが集まったからこそ、お互いの良い面も悪い面も認め合うことができ、弱さやダサさも認めたうえでご近所付き合いをしていくことができたのだと思う。

　このＭＫＮをつくった時期は、私自身が新卒で入った会社を1年もたたずにクビになり、次の職場も決まっていない時期で、当時は電車に乗るのもつらかった。働いていない自分を責め、不安や焦りにさいなまれる日々だったが、ＭＫＮにたまたま同じような境遇のメンバーがいたり、「そんなときもあるよね」と共感してもらえたりして、気持ちが楽になった。

　ＭＫＮでの活動は大それたことはしていない。誰かの家で食事会を開いたり、馴染みの店で飲み会をして集まったり、興味のあることを「部活動」と称しみんなと一緒にやり、手芸、梅干し作り、カラオケでのＤＪなどを楽しんでいた。

また、一時期は「農民部」をつくり、品川区の貸農園を1年間借りて野菜作りに汗を流した。毎週通うのは大変なので農民部に興味をもった10人でシフトを組み、各々が月に1回か2回、持ち回りで責任をもって週末に畑の世話をすることとした。収穫した野菜は各自が持ち帰るが、時には誰かの家に集まって収穫パーティをやることもあった。

すると「畑を一緒にやる」「収穫物を分け合う」という体験を通じて、その10人の関係が驚くほど深まった。結果的に遊びや企画で多くの時間を共に過ごしながら、お互いの「困った」に手を差しのべ合える関係性を紡いできたことによって、自分に居場所を与えてくれ、コミュニティの大切さと農を通したコミュニティ形成の可能性を実体験を通して感じることができた。

非効率にこそ価値がある

ここまで、ハタケ部を創設した背景として、農がもつ教育的な要素やコミュニティ創造としての要素を中心に、実際に私が見て体験してきた取り組みをいくつか紹介してきた。目まぐるしく変化する昨今の世の中に慣れてしまっていると、こうした取り組みを「非効率だな」と感じることも多かったのではないだろうか。都会は効率重視で、忙しすぎる。私は教育やコミュニティづくりをするうえではハタケ部のように農に触れる非効率な機会にこそ価値があるとも強く感じる。

また、パーマカルチャーやＥＳＹ、ＣＳＡなどの横文字の取り組みや事例を見ると、海外の新しい価値観・仕組みとして、遠いもののように感じてしまうかもしれない。確かに、都市部ではこうした事例をなかなか見かけない。都市に住んでいる人の大部分は、地方からの転入者で構成されているので、必然的に孤独に陥りやすく、幼少期を過ごした地元の気心を許せる友人がいない場合が多い。さらに、後にそのような関係性を得るための仕組みも都市にはない。結果的に「隣に住んでいる人の名前もわからない」状態になる。そのため、都市ではこうした取り組みに参加したくてもしにくい。

しかし、これらはひと昔前までは日本全国で、今でも地方に行けば多かれ少なかれ実践されているものである。われわれはその感覚を忘れているだけなのだと思う。忘れているのであれば、思い出すだけだ。それを思い出す一助になることを目指して、ハタケ部を創設した。

農を中心としたコミュニティ「ハタケ部」の活動

ハタケ部での活動に参加したい人はＬＩＮＥグループに参加してもらう。団地の住民または団地併設の保育園に通っている家族は無料、それ以外は1家族あたり1回につき５００円の参加費である。活動当初は口コミを中心に広まっていたが、最近では団地内の掲示板でのチラシを見て参加する人も増えてきた。また、存在自体は知っているが、なかなか参加に至らない、という声も多々聞こえてくるので、活動に興味がありそうな人を見かけたら積極的に声かけも行っている。２０２３年4月時点でのＬＩＮＥグループの人数は20人で、ほとんどが未就学児〜小学校低学年の子どもがいる家庭である。

植える作物や生育状況を見ながら月に1回のイベントの日時を決め、グループ内で参加を呼びかける。イベント以外の日は、草刈りや水やりなどを参加者に自主的に行ってもらい、何か質問があればLINEグループ内で連絡をもらって回答する。

子どもたちも作業をするため、また、収穫したものをすぐに食べられるように、除草剤、殺虫剤、化学肥料は一切使用せず、年に2回ほど元肥として堆肥を入れる。したがって、虫と雑草との戦いなのだが、これも見方を変えると非常に面白くなる。

たとえば、雑草が生い茂ってしまうと野菜は育ちにくくなるが、雑草の生命力のたくましさを感じることができる。常連の参加者は「また今年もこの季節がやってきましたか」などと笑い、雑草から春や夏の訪れを感じているようだ。また、雑草が生い茂るということは虫たちの住処になるので、子どもたちは畑作業そっちのけで虫に夢中になっている。信じられないかもしれないが、これらはすべて団地内で実際に起きていることである。

毎年内容は少しずつ変えながらも、継続して植えている作物がある。ひとつはニンニクだ。ご存知の方も多いと思うが、ニンニクは収穫後3週間程度までのものを「新ニンニク」という。一般的にスーパーで通年販売しているニンニクは、収穫後に乾燥させたものだが、新ニンニクは乾燥させていないものを指す。料理研究家の土井善晴氏が『きょうの料理』のレシピ「初夏のおいしいもん」にて発信していたが、新ニンニクは炊き込みご飯で食べるのが抜群に美味しい。このことを参加者に伝えたところ「美味しい!」との声をいただき、今では初夏の時期には毎年ニンニクを収穫するのが恒例となっている。

同じく恒例となっているのが、サツマイモだ。ハラッパ団地の敷地内にピザ窯があるので、自分で植え、育て、収穫したサツマイモを焼き芋にすることができる。また、品種も「シルクスイート」「紅はるか」「安納芋(あんのう)」など、複数種類を植え、食べ比べができるようにしている。サツマイモの収穫体験や焼き芋作りができるところは数多くあるが、自らの手で植えたサツマイモを、生育過程も見たうえで収穫し、焼き芋にして食べる体験ができるところはなかなかないのではないだろうか。また、収穫したてのサツマイモは糖化していないため、収穫後すぐに食べてもそれほど美味しくない。子どもたちに「置いておくと美味しくなるよ」と伝え、収穫直後のサツマイモと1カ月貯蔵したサツマイモを食べ比べてもらうことで、糖化の仕組みがわからなくても、「なぜ?」と考えられる機会を与えることができている。

参加者の声

ハタケ部を創設して4年目になるが、創設当初から目指していた「ハラッパ団地に住むと人生が豊かになる暮らしを提供する」ことに少しずつではあるが近づきつつあると感じる。定量的と定性的な効果を測るために2021年に参加者へのアンケート調査を実施した(回答者17名)。選択項目は、①満足度、②ハタケ部の活動に参加してよかったと思うこと(複数回答可)

の2点。自由回答は、印象深いエピソード、今後ハタケ部でやってみたいこと、改善要望の3点とした。

まず、満足度については10点満点中平均8・06点という結果であり　ハタケ部の活動に参加してよかったと思うことについては、「子どもが農業体験できる」が100％の回答率であり、次点で「子どもの知的好奇心をかき立てられている」が70・6％であった。このことからパーマカルチャーやESYでの学びをハラッパ団地でも体現できていると考えられる。

一方で、「子ども同士の交友関係が広がった」が29・4％、「大人同士の交友関係が広がった」が23・5％であり、コミュニティ形成の観点では低い数値となった。要因としては、口コミで広がったこともあり、ハタケ部に参加する前から一定以上の関係性がつくられていたことが考えられる。ただ、関係性をつくるためには同じ空間で一緒の時間を過ごすことが必要だが、開催頻度が月に1回にとどまってしまっているので、絶対的な時間数が足りていないのは明白である。今後は畑作業以外に、ピザ窯を有効活用して一緒にごはんを食べる時間を増やすなどの工夫が必要であると感じている。

参加者の声をより具体的にお伝えするために、ハタケ部メンバーにインタビューを行った。本来であれば皆の声をお届けしたいのだが、文字数の都合上一部のメンバーのみの声をお届けする。

【Kさんへのインタビュー】

●ハラッパ団地の入居歴とハタケ部の参加歴

入居は4年前で、当初からハタケ部の存在は知っていたものの、なかなか入るきっかけがつかめずにいたのですが、約1年前に妻と息子がニンニク収穫中の細越さんに声をかけてもらったのがきっかけでハタケ部に参加しました。

●ハタケ部の参加を継続してくれている理由は?

第一にはやっぱり子どもに経験をさせたいからですね。私自身が幼少期を過ごした宮崎県の田舎では、周りに畑があるような環境で過ごしました。畑はいろいろな意味で情報が多くてよい、と思っていました。しかし、こっちに出てきてから近くに畑はなかったので。

あと、ハタケ部のよいところは毎月あるところですね、レジャーとしての自然ではなく、今日は草がたくさんあるとか、冬であれば全部枯れているね、とか定点観測ができるところがよいですね。

●ハタケ部に参加前と参加後で家庭内の会話に違いは生まれたか?

「ハタケ部でタマネギ植えたよね」「ハタケ部で穫れたやつだよ」みたいな会話が増えました。まだ、子どもも野菜を積極的には食べないですが、収穫した野菜が食卓で出るとノリノリで「ハタケ部で穫ったね!」みたいな感じにはなりますね。

●ハタケ部に参加前と参加後で家庭外に違いは生まれたか？

ハタケ部参加前と比べて参加者と顔を合わせる機会が増えて、子ども同士が遊ぶ頻度も増えました。もともと、ハラッパ団地には横のつながりなどは求めてはいなかったのですが、今思うと横のつながりがあるのはありがたいと思います。子ども同士が遊ばせられるのが一番ですが、親同士も何も知らない人と近くに住んでいるというよりは、知っている人同士で顔見知りが多いのがいいなと。顔も名前も知っていて、話したことがあるっていう人が多いのはすごく安心できますね。

●都市部に畑があることにどんな意味があると思うか？

畑で野菜がどんなふうにできるかをそもそもイメージできる人がたくさんいないと思います。農家さん以外はスーパーに行けばいつでも手に入る、と思っている人が大半ですよね。畑があることで、生産のリアリティ、野菜、農家に対しての価値が上がり、ありがたみがわかると思います。野菜を作るのは大変で、その苦労を感じられる畑が近くにあるのはとてもよいですね。

●今後ハタケ部でやりたいことはあるか？

今のやり方自体は満足で、感謝しています。普通の農業体験ではできないような「めちゃくちゃ失敗した！」という体験ができていることもよいなと思う点です。今後は参加者が植えたい野菜を植えるのが楽しいと思うので、それができるとさらによいなと思っています。

【Yさんへのインタビュー】

●ハラッパ団地の入居歴とハタケ部の参加歴

2022年11月にハラッパ団地に入居しました。入居当初から娘と同じ幼稚園に通う同級生の子をもつハタケ部メンバーからハタケ部に誘われてはいましたが、日程が合わなかったので初めてハタケ部の活動に参加したのは23年3月でした。

●ハタケ部の参加を継続してくれている理由は?

住んでいる場所の身近なところにハタケ部があるというのは大きいです。また、ハタケ部の運営の方々が昔ながらの根性論ではなく無理なく続けられる人柄をもっていることも娘を預ける身としては安心できるからですね。

●ハタケ部に参加前と参加後で家庭内の会話に違いは生まれたか?

娘と畑の様子をナチュラルに日常の会話の中でするようになりました。たとえば、ヒマワリがつぼみだった頃は「今日は咲いているかもしれないから5分早く家を出よう!」ということがあったり、雨が降らない日が続いたときは一緒に天気予報を見て水やりをしたほうがよいかどうかを確認し合ったりしています。

あと、ハタケ部に参加してから娘の本を選ぶセンスが変わりました。これまでは紙芝居や絵本のところにまっしぐらなタイプだったのが、野菜のコーナーに行って「この前、野菜の先生が言っていたメロンを探す」と言うようになったり、食べものの絵本を選ぶようになりました。

●ハタケ部に参加前と参加後で家庭外に違いは生まれたか？

畑で作業しているとハラッパ団地の住民でハタケ部メンバー以外の人からかなり声をかけられるようになり、話相手が増えてうれしく思っています。また、ハタケ部のメンバーとはハタケ部のことも、ハタケ部以外のことも含めてよき相談相手となりました。特にハタケ部メンバーは活動に参加するくらいなので、気が合いやすいのかなと思っています。総じてハタケ部に参加してよかったと思っています。

●都市部に畑があることにどんな意味があると思うか？

ハラッパ団地周辺は土にいじりができる場所が少ないので、私にとっても娘にとっても貴重で、楽しいなと思っています。

●今後ハタケ部でやりたいことはあるか？

個人的にはハタケ部の皆さんと一緒に収穫した野菜を一緒に食べたいと思いますし、お花も植えていきたいなと思っています。あと今後、子どもたちが大きくなっていく中で「道具の使い方を誤ると危険なんだよ」というのはちゃんと伝えてもらえるとうれしいなと思います。

おわりに

4年前、普段これだけ「農業！農業！」と言っているのに、野菜の気持ちになったことがないよな、と思って、野菜の気持ちを体験するべく、友人が営む長野のリンゴ園に穴を掘って埋まったことがある。埋まっていると想像以上に土が重く身動きが取れないので、唯一地上部に出ている顔を動かすしかなかった。よくヒマワリが太陽の方向を向くといわれているが、それはそのとおり。それくらいしかやることがないからだろう。

ハタケ部には、私がこれまで経験を通して感じた農がもつ魅力や可能性を詰め込んでいる。もちろん、うまくいっていることばかりではないし、コミュニティをつくることの難しさは日を追うごとに感じている。それでも、ほんの少しだけだったとしても、都市の中に住むハラッパ団地の住民が、農を通して関係性をつくること、育むことができるお手伝いができているのであればこのうえなくうれしい。ただ、今回紹介した農がもつ魅力や可能性は、一部分でしかない。私自身が気づいていない魅力や可能性も、まだまだたくさんある。ここまで読んでくださった皆さんには、それを一緒に見つけ仲間になってほしいと切に願う。

（1）東京大学生産技術研究所林憲吾研究室「コラム『都市とは何か?』」https://hayalab.iis.u-tokyo.ac.jp/article/78/

（2）農林水産省「都道府県の食料自給率」https://www.maff.go.jp/j/zyukyu/zikyu_ritu/zikyu_10.html

（3）２０２０年10月、新型コロナウイルス感染症の影響で惜しまれつつも閉店。現在は住民たちのコミュニティスペースとなっている。

（4）日本食農連携機構「農業・農村の新たな価値を提案する『アグリヒーリング』～順天堂大学・千葉吉史研究員」２０２１年1月1日。https://jfaco.jp/report/2072

（5）一般社団法人エディブル・スクールヤード・ジャパンホームページ「エディブル・スクールヤードとは」https://www.edibleschoolyard-japan.org/whatis

（6）農林水産省「第４次食育推進基本計画」２０２１年３月。https://www.maff.go.jp/j/syokuiku/attach/pdf/kannrennhou-24.pdf

第5章 都市で食と農をつなぐ

青木 幸子（青木農園 農家料理）●聞き手 小口 広太・畠山 菜月

都心から特急電車で30分弱、京王線聖蹟（せいせき）桜ヶ丘駅から歩くことおよそ20分のところに農家レストラン「青木農園 農家料理」がある。レストランのある多摩市は、多摩丘陵のほぼ中央部に位置し、高度経済成長期以降、多摩ニュータウンの建設によって大きな変貌を遂げた。聖蹟桜ヶ丘はその北部に位置するベッドタウン。青木農園の周辺も開発が進み、かつて豊かな緑で覆われていた山々も宅地に変わってしまった。

青木農園代表の青木幸子さんは、この土地で代々続く農家に嫁ぎ、義父が体調を崩してから農業に携わるようになった。サラリーマンである夫に代わって仕事を手伝っていたが、義父が亡くなった後、青木さんが農業を本格的に継いだ。現在は42ａの畑で少量多品目の野菜を栽培し、その他に摘み取り体験用のブルーベリー畑もある。青木農園を囲む山林も所有している。

野菜は自宅前に設置している無人直売所、友人グループや居酒屋などに出荷している。青木さんにとって、無人直売所は活動の原点でもある。無人直売所には野菜と一緒にレシピを貼って工夫すると、徐々にお客がつくようになり、初めて農業が楽しいと実感したという。

青木さんは、2012年12月、畑から歩いてすぐのマンションの一室に「青木農園 農家料理」をオープンした。一人で切り盛りする小さなレストランだったが、21年5月に母屋をリノベーションした古民家レストランとして新たなスタートを切った(写真上)。現在は週4日予約制でランチを提供している。お弁当やサンドイッチの販売も行っている。スタッフは青木さんと小林博代(ひろよ)さんの2人と、畑の援農ボランティアが1人アルバイトで手伝っている。

農家レストラン「青木農園 農家料理」

本章は、青木さんに行ったインタビュー内容を再構成し、まとめたものである。インタビューでは、青木さんが大切にしている地産地消、援農ボランティアの受け入れなど消費者とのコミュニケーション、都市部ではまだまだ少ない農家レストランの役割、食育、食べることの大切さなどについてお話を伺った。食と農のつながりという観点から、これからの都市農業について考えてみたい。

＊＊＊＊＊

農家レストラン「青木農園 農家料理」

――なぜ、農家レストランを始めたんですか？

ここに嫁いでから毎日がとても忙しく、子どもたちとゆっくり食事をすることもできない日が続きました。義父が亡くなるまでずっと介護を続けてきましたが、介護うつのような感じでストレスも重なっていました。

そのときに癒してもらったのが「ゆっくりご飯を食べる」ことでした。友人に誘われて、テラスでご飯を食べたり、クリスマスにも招待してもらって一緒に食事をし、「食事ってこういうものなんだ」ととても幸せな感じがしたんですね。

ずっと義父の介護をしていたこともあり、食について取り組みたいと思うようになりました。本来でしたら、農業だけやっていたほうが楽ですが、2017年7月から多摩市の農業委員になったことで市内の農業、都市農業について考えることが多くなりました。悲しいことに、都市では農地が急速に減少しています。どうすればそれを防ぎ、次の世代につなげることができるのか考えたのもレストランを始めた理由のひとつでした。

私の野菜は農薬を使っていませんが、それを消費者にわかってもらうためには、全部自分で説明しないといけません。市内にある農家が立ち上げた農産物直売所「いきいき市」、多摩市と長野県富士見町の共同アンテナショップ「Ponte（ポンテ）」にも時間がなく、出荷していません。以前は、友達とグループをつくって販売もしていましたが、売り上げは伸びませんでした。飲食店に出荷するという選択肢もありますが、たくさん買い取ってもらえるわけではありません。

そこで、自分でレストランをやれば、自分の野菜の魅力を伝えながら売り上げを伸ばすことができるのではと考えました。農業とレストランの両立は大変ですが、野菜のこと、食のことが発信できる場として始めました。

ちなみに、今の古民家の店に移る前は、マンションの一室で8年間、レストランをやっていました。同じ農家の仲間に野菜や食のことを発信したいという思いと、まずはレストランができるかどうか試すためです。15〜16人入るお店で、「野菜ってこんなに美味しいよね。楽しいよね」という感じでやってました。

——毎日の料理は、どのように提供していますか？

現在のレストランは、2人で調理を担当し、ワンプレートランチ、サンドイッチ、お弁当を提供しています。ランチは要予約、サンドイッチとお弁当は予約や限定販売で依頼もあります。

朝畑に行き、収穫した野菜を、調理を一緒にしている小林さんと味見しながら「この葉っぱ、ちょっと苦くなったよね」「この部分が美味しいから、今日はこう調理しよう」と相談して調理しています。その日の朝に収穫した野菜で調理するのでキッチンでいろいろ考えます。小林さんもこれまでいろいろなものを食べてきて、インスピレーションがよく働くので「こう調理すれば、こうなる」と言いながらやっています。「ここは違う、譲れない」とか喧嘩もしますよ。

サンドイッチやお弁当は、私たちのまかないから生まれたものです。営業時間が終わった後、残った野菜でまかないを作ります。たとえば、大葉が10枚ぐらい入ったサンドイッチを作ったらそれがすごく美味しくて、私たちにはウケたんです。あるときは、余った大根ステーキを、「ジューシーでいけるね」とサンドイッチに入れたことがおかずサンドを作るきっかけになりました。

――農業のこと、野菜のことを発信するお店として、どのようなことを心掛けてますか？

多摩市の地産地消の取り組みのように、地元の野菜、季節の野菜を使い、皆さんがゆっくり過ごしながら食べられる空間にしたいと思っています。地元の人たちにかわいがってもらえるようなお店にしたいですね。

メインメニューのワンプレートランチ（写真下）は、すべて畑で収穫できる旬の野菜を使い、シンプルで素材そのものの味を生かしています。その日の朝に収穫して、そのまま使っています。レストランで飾る花も畑で摘みます。自分が畑に出て、野菜の状態を見て収穫しないとお客さんに伝えることができません。それと、野菜の味は日々変化していきます。

ワンプレートランチ

それを感じないと私のお店はできません。

お弁当もコンニャクなどは購入して自分で味付けしますが、ほとんどが手作り。自分の畑で穫れたものです。ここはあくまで家庭で食べるお母さんのご飯なので、手作りの野菜料理を伝えていきたいです。

お客さんとのおしゃべりも大切にしています。野菜が好きなお客さんからは調理法などいろいろな話が聞けるので、会話は積極的にしています。どうしても気になるので「味はどうでしたか?」とお客さんには聞きます。おしゃべりなおばさんがいるお店になってしまいました。

農家としての歩み

――農業を始めたきっかけを教えてください。

私は農家に嫁いでから、初めて農業をすることになりました。結婚してすぐに、義父の体調が悪くなり手伝いのつもりで、まずは家庭菜園レベルからのスタートでした。自分の農業を始めようと、無農薬栽培を1年半ほどやってみましたが、きつかったです。

青木農園はもともと養鶏場でした。その他に家族が食べる分だけの野菜と米を作っていました。草取りなどはすべて手作業で、休みなく働いていました。夫はサラリーマンで家にほとんどいなかったので私がやるしかありませんでした。労働もきつく、泣くことがいっぱいあり、「なんでこんな所に来たのかな」と思ったこともありました。

誰かに相談しようとしても、周りに話ができる農家がいないんです。私、一人ぼっちの農家でした。農協の集まりに行ったときも少しは知ってる人たちもいましたが、自分から意見を言えるような雰囲気ではありませんでしたね。

その後、日野市の石坂ファームハウスの石坂昌子(まさこ)さんに泣く泣く助けを求めて、東京都の「フレッシュ&Uターン農業後継者セミナー」[1]を紹介してもらい、月1回、2年間学びました。ただ、当時は畑での実習はなく、すべて座学で正直面白くありませんでした。

卒業するとき、先生に「これで卒業しても農業ができません」と伝えると、東京の農家女性のグループ「ぎんなんネット」[2]を紹介されました。ここで野菜の勉強ができると思ったんですが、畜産や果樹、花きもあり農業は野菜作りばかりではないことを知りました。ただ、70~80代で、これまで農業で生計を立ててきたぎんなんネットの人たちは横のつながりが強く、私のこれまでのつらかった経験を「私たちもそうだったよ」と聞いてくれて助けてもらいました。

その研修で地方に行くと、女性たちがパワフルで、いつも交流が楽しみでした。1人で活動するのはすごく苦手でしたが、勉強するうちにいろいろと聞きたいことが出てきました。そこで名刺を作りました。好きなトマトをモチーフにした赤い名刺です。名刺を作ると、小さな農家でも「青木農園です」と話しかけることができます。このようなつながりからいろいろな出会いが生まれ、農家としての生活も変わってきましたね。

──その後はどのような勉強を?

秋葉原で開催していた「野菜の学校」[3]に3年ほど通いました。そこでは、野菜のことを学ぶだけではなく、食べ方も学びました。ますます野菜が好きになり、面白さを感じるようになりました。その後も「成長しない農家にはなりたくない」と思い、一生懸命勉強を続けました。

また、自分で農業をやる中で、自宅前に無人直売所を設置したことが活動の原点になりました。最初は野菜をご近所にあげていましたが、「無農薬だから、販売してみたら?」と言われ、友達の旦那さんが無人直売所を作ってくれました。ただ、野菜の販売はとても手間がかかります。収穫して洗い、束ねて包装して準備が終わる頃には半日かかってしまいます。

それと、いいものができたとしても売り切ることができず、すべて無駄にしたこともありました。そのときは、すごくショックでした。うちでは間引きの小さな大根からとう立ちした後に咲く花まで食べます。芽が出て花が咲くまで食べてもらいたいと考え、無人直売所に野菜と一緒に食べ方や保存方法を書いたレシピを貼り出しました。そこから少しずつ売り上げも伸びていきました。それとともに、野菜を作ることと、売ることの面白さを感じるようになりました。

お店に来るお客さんから「前から料理好きだった?」とよく聞かれますが、料理好きではありません。この野菜を自分の家で食べるにはどうすればいいかなということをいつも考えています。

都市の農家は直売が多く、自分で値段を付けることができるので儲かるというイメージをもっている人が結構いるようです。直売はメリットもたくさんあるものの、地場野菜は一袋100円と安いです。農家はこだわって栽培していても、周りが同じような値段であれば、値上げはしません。都市農業の特徴として、マンションやアパートなど不動産経営をしている人も多く、収益にあまりこだわらない場合があります。

そうした中で都市の農地は、急速に減少しています。実際、多摩市では、1～2%しか農地がありません[4]。相続の際に農地が売却され、そもそも後継者が継いだとしても農業だけでは食べていけないわけです。

もともと農家ではないので、さまざまな講習会や講演会に参加してすべて自分自身の力で農業をやってきましたが、いろいろなことを知っていくうちに面白くなり、今では楽しく農業に取り組んでいます。

活躍する援農ボランティア

——レストランを経営しながら農業はどのようにまわしてるんですか？

私の農園では、毎年、市が募集する援農ボランティアを受け入れて農作業の手伝いをしてもらっています。私は農家出身ではなかったので、「畑で何かやってみたい」という人たちに農業の楽しさや苦労を伝えたくて受け入れを始めました。

最初に来た人は、多摩市の農産物応援サイト「agri agri（アグリ アグリ）」に携わっているスタッフでした。現在は月曜日と水曜日に3人ずつ、土曜日に2人来ています。

その中に、野菜や虫、草のことが好きな人がいて、友達も誘って畑に連れてきてくれます。彼女たちは私よりも草のことに詳しいので、「この草は食べることができますよ」などいろいろ教わります。種まきをしていても、途中から草や虫の話になるとずっと手が止まって作業が中断してしまうほどです。中国人の援農ボランティアもいます。「ナズナも水餃子にできる」と教えてくれて、みんなで作って食べたこともありました。この年になって知識がどんどん広がっていくのはうれしいですね。

援農ボランティアとはたくさん交流の機会をもっています。「七草採りに行くよ」と誘うと、雪の中でも来て七草を探して摘んだり、この前はタラの芽を摘んで天ぷらにしてお蕎麦を茹でて食べたりもしました。
餅つきです。外に石窯があるので、子どもたちが収穫した大根をスライスしてピザの台にして焼きます。お餅つきは、みんなで「農家で遊ぼう！」という感じでやっています。

1年最後のイベントは、毎年12月にやるお

——青木さんは援農ボランティアとどのように接してますか？

ボランティアには、とても助けられています。1人で農業をやっているときは、本当に大変で泣きながら草取りなどをしていましたが、誰かが一緒にいてくれると、自分が必死になってても「1人じゃないぞ」という気持ちになります。

ボランティアは魅力的な方ばかりです。私が何か困っていることがあれば、いろいろアドバイスもしてくれます。日本有機農業学会の大会で講演を依頼されたときも、「私でいいのかしら」と悩んでいると、女性のボランティアから「青木さん、やったほうがいいですよ。出たくても出られない人もたくさんいるんだから」と背中を押され、私の話をまとめてくれたり、相談にも乗ってくれました。このときも本当に助かりましたね。

以前、草刈りのしすぎで中指の筋を切ってしまいました。指の手術でギブスになり、その姿を見たボランティアが朝の5時から農園に来てくれました。「まだ作業終わってないので、午後また来ますね」と言ってくれて、とても助かりました。子どもが手を離れたボランティアは、休日も来てくれますよ。

ボランティアの作業は、草刈りや種まきのような単純作業がほとんどですが、大変です。

私は、ボランティアの皆さんに「うちは援農でも畑で楽しんでもらうので、皆さんが疲れたときや暑くて大変というときは、日陰で休んでください。これは、さぼりではないです」と伝えています。人によって体力は違いますし、他の人と同じことをしなければいけないということではないので、適度に休みながら作業をしてもらっています。「不得意なことがあるときは、言ってください」とも伝えて、その場合は違う作業を準備します。作業が午後までかかるときは、お昼を作って一緒に食べています。

——援農ボランティアも自由に動けるんですね。

何年も援農に来ている人は、気になる野菜があるみたいです。ボランティアの中で、その野菜を指導する担当を決め、みんなで作業するようになります。たとえば、落花生が気になる人たちには、3株渡し自分たちで栽培してもらいます。それがうまくできたら、指導担当を決めて翌年から管理してもらいます。まずは1回自分たちで経験してみてからですね。今年は、スイカ担当がいるようです。

周りの農家を見ると、ボランティアの受け入れを躊躇してしまう人も多いです。私の知り合いも、自分以外入っちゃいけないところなど決めていることがたくさんあります。私もそうです。農家は作業ひとつとっても、皆さん同じようなやり方はしません。ボランティアは援農に必要な講習を事前に受けていますが、農家も自分のやり方があるわけですね。

食育を考える

——野菜を味わえるお店ですね。

お店では、野菜を食べる楽しみや野菜の味を知ってもらいたいですね。収穫してすぐの新鮮な野菜の味、旬の味を味わってもらうことと、その味が日々変わっていくということをここで発信できたらと考えています。食べものは単にお腹がいっぱいになればいいというものではありません。食べることを楽しむということが何よりも大切だと思います。

料理教室のときも、野菜をかごに並べた「かご盛り」で持っていきキッチンに置きます。そのかごの中から「このホウレンソウ、食べてみてください」と渡すと、皆さん驚きます。「農薬使ってないから、生でかじっても大丈夫」と言うと、食べながら「このホウレンソウ、甘いよ」という感想が生まれます。そこで、「ホウレンソウは、茹ですぎないほうがいい」「甘いからサラダにできるのよ」という野菜本来の味について伝えることができます。

地場野菜は、その時々で味が違いますし、新鮮なのでまずはかじって野菜の味を確かめてもらいたいですね。野菜は芽が出て花が咲くまでの間でいろいろな食べ方があります。若いときの野菜と大きく育ったときの野菜にも味の違いがあります。ホウレンソウは、規格外で大きくなった茎がストロー状で美味しく葉も甘いです。

また、冬越しした野菜はとても甘く、しゃぶしゃぶが美味しいですが、ホウレンソウは春になって気温が上がり、ストロー状になると、しゃぶしゃぶよりも炒め物に合います。バター炒めやソテーにすると、とても美味しいです。

それと、野菜は花も食べることができます。

野菜の花は、最初のうちは甘く、だんだんと苦くなるんですね。その苦味もさまざまな調理に使えます。花は、野菜によっても味が違うので、いろいろな種類があるといいですね。その中でも、ハクサイの花は美味しいです。ちぎればそのままサラダで食べることができます。それをしゃぶしゃぶにして、ゆずこしょうで食べたら本当に美味しいですね。

――子どもたちにどうやって野菜を食べてもらうか親も苦労していますが。

子どもの野菜嫌いを気にするお母さんたちは多いですね。お店では、小学校1年生になったらワンプレートランチを大人と同じように注文してくださいと伝えています。子どものための料理はあえて出していません。なぜかというと、親が子どもたちの食事を決めてしまっているからです。

ここに来ると、子どもたちが「この野菜を食べることができた」「これだけは苦かったみたいだけど、こっちは食べた」「スープを飲んでくれた」とお母さんたちがびっくりしています。何をどう食べるかは、子どもに任せたほうがいいと思いますね。

レストランの料理は野菜そのものの味を生かしています。味付けもシンプルです。でも、子どもたちはびっくりするぐらい食べてくれることが多いです。「子どもは野菜嫌い」という先入観を親がもってしまっているかもしれませんね。

よく畑に来るお母さんが「この子はトマトが嫌いで」と言うので、「嫌い」と言うよりも、お母さんたちが「美味しい！」と言いながら、楽しく食べることが大切だと返しました。そうすると、子どもも食べるようになります。

前に農園に来た男の子も「トマト大嫌い！」と言っていたのですが、ブルーベリーの摘み取りをやったときに「トマトも食べさせてあげるよ」と誘ってみました。その子に「食べる？」と聞いてから口に入れてみました。最初は口に入れたまま噛まなかったので心配して見ていると、徐々に噛み始めて食べることができました。酸味のない黄色いトマトだったので、食べることができたのかもしれませんね。「君だけのお土産として持って帰ってもいいよ」と袋をあげるとすごく喜んでくれました。

その後、お母さんから「他の野菜も食べることができて、自分で収穫したトマトをお父さんにも自慢してたよ」と電話がありました。畑で食べるトマトは、また美味しいですよね。青いうちに収穫して店頭で完熟させるトマトよりも、地場で完熟したのはやっぱり美味しいです。


——トマトっていろいろな種類もあって、収穫してそのまま食べやすいですよね。


トマトはたくさんの品種が出ていてそれぞれ味が違います。野菜の味の違いはトマトで教えるのが一番早いんです。現在、トマトは大玉からミニまで含めて15～16種類ぐらい育てています。子どもを畑に連れていくと面白いですよ。

酸味のないトマトから始まって、「これ食べられる？」と聞いて上級コースに連れていきます。上級コースは、酸味のある黒いトマトです。子どもたちの反応が見られるのはワクワクしますね。畑はこういうことができるので魅力的です。これからもこうやって畑で遊びたいと思います。

それと、居酒屋でもトマトは好評です。かご盛りで野菜を持っていくと、カウンターに野菜を置いてくれるんですね。野菜を袋に詰めて渡すと厨房の中に持っていかれてしまい、それが悔しくてかご盛りにしました。房のままのトマト、ナス、キュウリがカウンターにあると、お客さんも気になるようです。収穫したばかりなので「ナスはそのまま丸かじりできますよ」と言うと最初は躊躇しますが、「美味しいね」と食べてくれます。

トマトは房で持っていくと、どうしてもつまんで食べたくなるみたいです。トマト嫌いの人が食べてくれたり、昔のトマトと味が違うとか居酒屋のお客さん同士でトマトの話になったりすることもありますよ。

――大人の食育についてはいかがでしょうか？

女性のお客さんが「ご飯を作るのが面倒くさい」と話しているのをよく聞きます。子育てのときは一生懸命でも、年齢を重ねた子どもが徐々に離れて夫婦二人きりになると、料理が面倒になるわけです。

ただ、私が長く介護を経験して思ったのは、食べることがとても大切ということです。子育てが終わって子どもが離れたら、次は「自分育て」に入ると思っています。自分の体のことが大事になるので、大人向けに食べることの大切さと楽しみを教えたいですね。このレストランは、大人の食育の場でもあります。

最近の子どもは、驚くくらいやわらかいものばかり食べているような気がします。小学生ぐらいでも、やわらかいものしか食べない子が多いようです。硬いものを食べると、「あごが疲れる」とも言いますよね。レストランでは、野菜をたくさん食べられない子どもたちには、無理に食べさせるのではなくて、ソースを何種類か準備してあげます。

　このレストランで出す野菜は、わざと大きく切ります。なぜかというと、「噛み切る」ことをしてもらいたいからです。大きめの野菜を口に入れると、噛む時間も自然と長くなります。噛む回数が増えることで、その間、さまざまな刺激や情報が脳に伝わります。そうすると、内臓がよく動くようになります。内臓が動くと、体温が上がります。唾液も出て、口も乾かなくなりますね。食事を楽しむことが体づくりにもつながるというようにしていきたいと思っています。

　高齢になると脳に情報が伝わるのがだんだん遅くなるので、高齢者にとってもゆっくり噛むことが必要ですね。大きな野菜を食べ続けることができれば、誤嚥（ごえん）にもなりにくくなります。食べることができれば、何とか生きることができます。大人の食育は、これからもやっていきたいですね。

これからの都市農業

　農業を始めて、これまでたくさんの出会いがありました。野菜を育てることで、たくさんのエネルギーももらっています。自分で育てた野菜を届けて「美味しい」という言葉をもらえるのは幸せです。いつも農業には助けられています。

　これからは、多摩市の農業、農家のことを発信したいですね。研修に行くといつも思うことですが、多摩市の農業の存在はあまり知られていません。日野市はトマト、稲城市はナシで有名ですが、多摩市はこれというものがなく、これから特産にしようとアスパラガスを売り出しているところです。都市農業は年間通じていろいろな種類の野菜を地元の人たちのために作っていることが、強みだと思っています。これをどのように発信できるかですね。

それと、このレストランは将来、介護施設の役割ももたせたいと考えています。しかも、元気な老人しかいない施設です。子どもを保育園や幼稚園に入れるように、毎朝、ここにおじいちゃん、おばあちゃんを連れてきてもらい、畑や山で楽しく遊んで、お昼を作って、残ったものを夜のお弁当として持ち帰るというものです。

しっかり噛んで食べて、飲めていれば、みんな元気でいられるわけです。食べることができなくなると、病院に行くしかないということは教えたいですね。高齢になったら、ゆっくりでいいので時間をかけてでも食べることが大事です。

――これからの都市農業については、どう考えていますか？

テレビなどでも盛んに食料危機や農家の高齢化、農家の減少についていわれていますが、「自分が食べられなくなることはないだろう」と多くの人は平気だと思ってますよね。だけど、これで自然災害が起こったりしたときに、食べられなくなることが現実に出てくると思います。そのためにも、地元で地場野菜を食べることができるように、地産地消を進めていくことがとても大切です。

それと、都市農業の役割は農産物を作るだけではありません。農地はもっと有効活用ができます。たとえば、自然災害のときに避難場所になるなど幅広い役割を担っています。そのことを地域の皆さんに理解してもらう必要があります。[5]農業を続ける中で、農業を守ることは自分たちの食も、生きることにもつながっていくことを感じています。

気候変動の影響も出ています。皆さん晴れの日が続くと「いい天気が続いていいですね」と言いますが、農家は「こんなにも雨が降らないとどうしよう」と心配になります。毎年想定外の天候で、農家同士でも作物の生育状況について話題になることがたくさんあります。そういうことを一般の人とも、分かち合っていければいいのではと考えています。

――その意味でも、都市でも農家レストランのような場は重要ですね。

2017年に生産緑地法が改正されて、生産緑地にレストランを建設することが認められるようになりました。ただ、農家がこれから生きていくためにも、農家が自分で経営するものの税金について考えていかなければなりません。[6]

住宅地であっても店舗を構えていると、税金が変わります。母屋を改装して始めたこのレストランもそうです。普段、義母はレストラン横の縁側で日なたぼっこをしていますが、レストランが家の中にあると住宅としては認められないと言われました。空いてる部屋を有効活用し、いかにお金をかけないでできるかが大事です。

私は、マンションでレストランをやっているときに、テーブルなどの必要なものは知り合いに譲ってもらい、すべて揃えました。食事の場所も床を張り替えただけで、ほとんど手を入れていません。今の古民家のレストランもなるべくそのままの形を残し、義母が暮らしている場でやっています。お金をかけずにできれば、若い人でもできるのではないでしょうか。

――これから人を育てていくことが大切になりますね。

都市農業、農家のことを皆さんに知ってもらいたいという気持ちが強いです。がんばって農業を続けてきたのに、体を壊して、農地も取られてしまうというのはとても悲しいですよね。私たちの親の代は、落ち葉で堆肥を作り、し尿も使って循環する農業に取り組んでいました。その積み重ねで、今の土と微生物があるわけですよね。それがあっという間に宅地になってしまう現実を見ていると、その土の価値を改めて感じます。

私は、外から来たのでよくわかりますが、新宿駅から特急に乗って30分ほどでこの自然環境があるのはすごいと思いませんか。ここは、ホタルも出ます。結婚したときは、庭先までホタルが飛んできていましたね。都市でこういう環境は本当に貴重で、大事にしなければいけないのですが、地元の人にとっては当たり前なんですね。この当たり前の価値をもっと発信して守っていくことが大切です。

こういう豊かな環境を守るためにも、都市農業を守っていく必要があります。ただ、高齢の農家がさらに年をとれば、農業もできなくなって介護になります。働いている息子がすぐに戻ってくることは現実的に難しいですよね。亡くなったら、しょうがなく帰ってくるという感じだと思います。戻ってくるまでの間に、援農ボランティアを入れて農地を守ることができないかと農業委員になってから考えています。

多摩市は小さな農家がたくさんいます。法人経営のような大きな農家とは違い、家族経営で自分たちで生産から販売まですべてをしなければなりません。援農ボランティアがつながってグループができ、農家同士も協力し合っていければ、さらによくなっていくのかなと思います。

市民の皆さんにも協力してもらい、循環する有機農業を進めて学校給食にも出したいと市には言ってます。その声はまだ届きませんが、そういう事例をひとつひとつつくっていかないといけませんよね。


（2023年4月13日、青木農園にて）

（1）農業後継者や新規就農者の技術習得を目的に、基礎的・実践的な農業技術や経営管理等を習得させるセミナーを指す。主催は東京都、JA東京中央会、協賛は（公財）東京都農林水産振興財団である。
（2）東京都の女性農業者グループを指す。
（3）NPO法人野菜と文化のフォーラムが主催する「食べておいしさを知る 野菜の学校」を指す。
（4）2020年時点の多摩市の総面積は2101ha（総務省）、経営耕地面積は24ha（農林水産省「2020年農林業センサス」）。
（5）都市農業が発揮する多様な機能については、第2章を参照されたい。
（6）レストランの敷地は、農地として認められず、相続税納税猶予制度の対象にならない。

Take your pick！お好きなスタイルで！

今村直美

私たちの暮らしは食であふれています。家族で囲む食卓や友人たちと会話が弾む食事。一人でぶらりと立ち寄るカフェや旅先で出会う初めての味など……。

食材もスーパーに並ぶ食品、直売所に並ぶ新鮮な野菜、田舎の親類や知り合いの農家から送られてくるお米や果物。もしかしたら、家庭菜園で穫れたての食材を手にしている人もいるかもしれません。このように、私たちはどこでどんなものを食べるのかという選択を毎日しています。ならばそれを思いっきり自分事化し、楽しんでみるのはいかがでしょうか。スタイルはさまざま。自分の好きなスタイルで食と向き合う、それは意外なほどワクワクする暮らしをもたらしてくれるように感じます。

ここでは、私が都会のベランダ菜園から始まり、２００９年に千葉県我孫子市・柏市に5反ほどの畑を借りて「わが家のやおやさん 風の色」という屋号の農家になり、11年の原発事故を機に生産者と消費者が本当に顔の見える関係を基本とするＣＳＡ（Community Supported Agriculture：地域支援型農業）で畑の仲間を増やし、やがて農福連携（農業×福祉）に取り組むようになったスタイルを紹介しつつ、楽しみながら食と向き合う選択肢のいくつかをお伝えしたいと思います。

小さなはじめの一歩から！

私が農家になったわけは家族の「美味しい！」が聞きたかったからです。娘を出産し復職しましたが、時間に追われる日常。お惣菜を買ってきて食卓に並べることも多くなりました。よくある光景だと思います。ただ私の場合、どうも居心地が悪い。ある日、ベランダで育てたミニトマトを家族が「美味しい！」と感動してくれたときにひらめきました。そうだ、自分で食べるものを作ってみよう！野菜を育て食べること、体を動かして汗をかくことは喜びでいっぱいの経験でした。

農家になってからは、いつ誰が来て食べてもいいように、農薬や化学肥料は使わずに、自分たちが食卓に並べたい野菜を少量多品目で栽培しました。

小さなベランダ菜園でも家庭菜園でもキッチンガーデンでもいい。自分で育ててみる一歩は、今からでも始められます。ワクワクするような暮らし方のスタートです。

広がれコモンズ！

私がCSAを始めたわけは「美味しい！」のおすそわけをしたくなり、地域の皆さんと共に育てる笑顔があふれる畑を作りたくなったからです。

CSAとは、地域の生産者と消費者が畑を中心に据えてつながることで成り立っています。生産者は年間契約をしてくれた消費者の皆さん（メンバー）にとびきり新鮮で安心な野菜を届け、消費者は災害や病害虫のリスクも承知したうえで生産者を信頼して年間契約を結び、基本的には前払いで農家を応援する2wayの購買システムです。出荷の予定数があらかじめわかるので作付けに無駄がなく、顔見知りのメンバーに届けるので、農家のやる気も上がります。メンバーは、あの畑であの人が育てた野菜だから、ありがたくて美味しいと感じられます。畑が皆にとって大切なコモンズ（みんなの気持ちが集まる場所）です。

私がCSAを始めたきっかけは、原発事故により雨となって放射性物質が畑に降り注ぎホットスポットになってしまったからです。さまざまな情報が錯綜しました。何を信じていいのかわからない不安から、同じ地域に住む農家と消費者である住民が「安心・安全な食」を求めて時には対立し、分断する様子を目の当たりにし、「コモンズ」という考え方の大切さを学びました。

皆さんは、CSA＝幸せの食のサイクルだと思いませんか？私はこのサイクルは、地域にとどまらず、都市と地方がつながることでつくり出すことも可能ではないかと思っています。今はインターネットで何でもどこでもアクセスできるようになりましたが、単に便利だからというだけでなく、互いにコモンズがつくれる関係を目指したいものです。食でつながる顔の見える関係を探してみることも楽しい食への第一歩かもしれません。

つながる社会の心地よさ

私が農福連携に取り組んだわけは、畑は社会にいる多様な人びとを受け入れてくれる懐の深いところだから、きっと相性がいいはずと思ったからです。

CSAに取り組んで地域に目を向けてみると、高齢者や障がい者、引きこもりがちになる人がいることに気がつきました。そして私自身もそうであったように、畑で感じる風はきっといろんな人にとっても気持ちがよく、心地のいいものだろうと思いました。自然な流れで農業と障がい者をつなげることはできないかと考えるようになりました。

農家の高齢化や担い手不足、働きたくても働く場所のない障がい者の人びとがいるという課題感から、「風の色」の畑を障がい者雇用に特化した特例子会社（帝人ソレイユ株式会社／我孫子市）に引き継いでもらい、私は障がい者の人に農業指導をすることになりました。帝人ソレイユは野菜のCSA的展開のほか胡蝶蘭（こちょうらん）の栽培など、障がい者の特性に合わせた仕事の切り出しがなされています。大企業の農福連携も目が離せません。

その後、福島県に移住し、さらにケアの必要な障がい者の人たちと共に福祉施設（土水空（どみそら）ファーム／福島県郡山市）で農福連携に取り組み、農家や福祉施設とタッグを組んで11軒の生産者がチームで取り組むCSA（あさかのCSA／郡山市周辺）にも参加しています。障がい者も生産者の一人として、地域に根ざしていくことを目指しています。

障がいのある人もない人も、農産物を育てた人も食べる人も、同じ社会の仲間です。農福連携の取り組みは多様で増加の傾向にあります。地方でも都市部でも広がっています。

新型コロナの影響で、会いたくても会えない経験をした私たちが学んだことのひとつは、こうした社会の中での人とのつながりではないでしょうか。

◎農を通して多様な人とつながる社会を目指してみませんか？

それぞれの好きなスタイルで食や農と関わる選択肢のヒントはありましたか？ ヒントが見つけられたら幸いです。

第Ⅲ部 これからの都市

第6章 街を、人を、畑が導く

髙坂 勝

都市の消費者を里山の田んぼに迎えて

この本のタイトル『農の力で都市は変われるか』に、まずは答えを書いてしまおう。変われる。変われなければ人類滅亡への道を進む。だとしたら変えるしかない。君がどう歩むかだ。

私は生業のひとつとして千葉県匝瑳(そうさ)市でSOSA(ソーサ) PROJECTを営んでいる。私が東京でOrganic Barを営んでいた時代、週休2日、週休3日と休みを増やしながら、以前から企んでいたお米の自給を実現するために各地の田んぼを探していた。2009年、ご縁あって匝瑳の谷津(やつ)田で池袋から通いつつの米作りが実現した。するとBarに来る方々からも「私もやりたい」と参加者がどんどん増え、田んぼや活動場所を斡旋(あっせん)してくれた方から「これだけ人が来るんだから活動組織にして取り組んでほしい」と懇願され、NPOを創設するに至った。18年にBarは役割を果たしたと悟り、店を畳んで匝瑳に完全移住している。

さて、SOSA PROJECTの主な取り組みは、都市生活者に米作り、および畦(あぜ)(水田と水田との間の小さな堤）で大豆を育ててもらう活動だ。田植え・草取り・稲刈り・天日干し・脱穀という作業を、自身で無肥料・無農薬にて貫徹してもらう仕組み。当然、自分で育てたお米も大豆も全量をお持ち帰りいただく。だから各々が世界一安全で安心で美味しい米と大豆が食べられる。

初年度は50㎡（0.5a）の広さで参加費40000円、30〜40組を受け入れる。次年度も継続したい人は、広さを自由に広げることができて、初年度の2倍の広さ100㎡（1a）につき利用料は4分の1程度の10000円になる。ベテランになってスタッフの世話要らずになり、むしろ同じ田んぼのメンバーをリードしてくれる人は、100㎡につき4000円で初年度の10分の1程度の値段に。

ちなみに大豆は6月末頃にそれぞれの田んぼ区画に接する畦に植え、10月頃に枝豆で一部を収穫し、12月過ぎてから大豆として収穫する。参加者各々が自家製味噌などの材料にしていることだろう。過去14年間で約500組が参加し、誰もが米も大豆も収穫まで貫徹。つまり、誰でもそれなりに自給できる、という証明なり。考えてみれば、明治時代前まで国民の8割以上がお百姓だったのだから、誰でもできて当たり前だ。

栽培方法は適当。私自身も当初は冬期湛水（たんすい）・不耕起栽培（冬に水を溜めて、耕さない農法）を目指していたが、今は駄農で、毎年やり方を変えている。要はどんなやり方でも、春に苗を植え、梅雨と夏に草を取れば、秋に収穫までたどり着ける。作業日数は年間で20日程度。週休2日の会社にお勤めであれば年間休日がおおよそ120〜130日。そのうちの6分の1程度をあてれば米は自給できる。

ＳＯＳＡ ＰＲＯＪＥＣＴの活動は米と大豆作りだけでない。田んぼのある里山フィールドでの草刈り、土中環境を改善する土木作業、階段・トイレ・小屋造り、薪割りなど、生きるためのアナログでアクティブな体験をすることになる。移住者向けにボロの空き家をセルフリノベしたり、その裏山を調えたり、そんな機会に有志が参加する。

こうしたＳＯＳＡ ＰＲＯＪＥＣＴの活動は、先に述べた参加費や利用料の２５０万〜３００万円で賄われていて、私含めたスタッフ４名への報酬、田んぼの地主さんや地域でお世話になる方々へは少々多めに謝礼し、保険料など支払った後に余剰金がほぼ残らないくらいまで地域で巡るように使い切っている。よって、組織をこれ以上大きくする考えはない。過去の参加者が同じような活動を起こしている例も４〜５あり、うれしい限りだ。

さて、街暮らしで田舎では何にもできない老若男女＆ＬＧＢＴＱが、お米作りをキッカケにして自ずといろんなことに触れ、少しずつ実践を伴う知恵を蓄えていくのだ。クセのある地元の人たちとも交流して、面白おかしく人間関係も培っていく。田舎に通う都会人が一番驚くのは、地元の人たちからいろんなモノをもらえること。くれる野菜の量は半端ない。ニンジン、筍、サツマイモ、山菜、冬瓜、などなど。場合によっては軽トラ荷台に山ほど。貨幣経済以外に、お金を介在させないおすそわけで食料が巡っているのだ。食材だけでない、いろんなモノが巡っている。たとえば、家・車・農業機械・道具・子ども服・ニワトリ、などなど。

度の過ぎた経済成長主義には付き合えん

こうして米作りをキッカケにいろんなことができるようになってしまい、いろんなモノがもらえるようになってしまった人は、根拠なく生きていける自信をつける。それでいいのだ（笑）。楽しくてたまらない、美味しくてたまらない、度を過ぎた経済成長主義なんてアホに付き合えん、と帰結する。

自然界は、田んぼは、畑は、土は、人間を飢えさせないだけでなく、穫れすぎる作物やもちえたスキルを必要な人びとへ与える人間をつくってくれる。そして、その人の気持ちよさと感動と充足感と幸福感を限りなく高めてくれる。太陽と風を浴び、体を動かし、汗を流し、微生物とまみれ、よく食べ、よく寝る。これ以上に健全で健康なことはない。ウイルスが体内に入ったって、常在菌や腸内細菌とコラボしてレジリエンス（回復）しちゃうのでヘッチャラ、感染病にかかりづらい。

都会からSOSA PROJECTの里山&田んぼに通うようになって「花粉症が消えた」「便通が改善した」「視力が回復した」とはよく聞くし、中には「子どもがぜんそくなのに、ここに来ると咳が止まって、街に戻るとまた咳が出る」なんてことを聞かされると、土・泥・里山が人の自己治癒力を高めることに改めて気づかされる。裏返せば、都会では体を悪化させるさまざまな要因があるということの証でもある。

それを裏付けるように、アメリカの研究[1]では　土壌に生息する細菌に抗炎症や免疫調整やストレス耐性などの性質があることが発表されていて、アレルギーやメンタルヘルス障害の原因のひとつとして、人が泥や土に触れる生活から離れたことが大きいとしている。

また、早稲田大学の研究[2]では、自営でお百姓仕事している人は街暮らしの人より、女性で2歳・男性で8歳も長生きし、仕事の現役年齢は10年長く、病気が少なく、入院経験ゼロも多く、老衰率が高くてピンピンコロリが多いこともわかっている。日々の田畑で土や泥に触れる生活は、人を健康で長生きにし、国の医療費を大幅に減らす可能性を示している。

私がローカルで活動してきた中で得てきた事実、つまり、私自身が土に触れる機会が少なく毎年2度は体を壊していた48歳までと、その後に匝瑳市に完全移住して田畑や土に日々接するようになってからは、5年間で1度すら風邪をひかず熱も出たことがない事実、都会からの参加者に健康や病気回復の変化が生まれる事実、これら二つから導かれる有意義な結論は、ローカルで暮らすのに充分な意味付けになると確信する。

都市を適疎に

そうやって都会人をそそのかして、限りない数の人びとをローカルへの移住に誘ってきた。私の悪趣味だ。しかしその悪趣味には大きな野望が隠されている。都会を田舎化させるミッションだ。

世界の限りなく果てしない問題。たとえば、環境破壊、温暖化、生物多様性崩壊、紛争・戦争、格差拡大と低所得者の増大、倫理観なき大量搾取・大量生産・大量消費・大量廃棄、こんな便利な時代に至ってもなお存在する人の生きづらさ、などなど。大雑把とはいえそれらの一番の原因は、「限りない成長を求める経済」と「都市集中」だ。

人類がこれからも長い間、地球に住み続けられるような持続可能性を手にするには、SDGsなるインチキが多分に含まれる施策をさらに超えて、経済成長と都市集中を解消するために、人をローカルに向かわせねばならない。

とはいえ、強制ではダメだ。人は楽しいことに惹かれる。ローカルに暮らしたほうが楽しくて幸せに近くなることを皆が知ればいい。さすれば、人が都会からローカルに流れて、都会そのものも人口減少と移住者の送り出しで、街の「過」「密」が薄らぎ、少しずつ「適」「疎」に近づいていき、本当の意味での田園都市がクリエイトされていく。それは都市が耕せる街に変わっていくことでもある。私が20年以上も活動してきた狙いは、そこなのだ。

都会人のローカルの暮らしへの移行は、世の中を変え、人を知足からくる充足感や幸福感に導く。だとしたら、都会も田舎化してしまえばいい、という話に移っていきたい。

経済成長は絶望、人口減少は希望

昨今、政府は出生率を増やそうと躍起だが、どうあがいても人口増には転じない。令和国民会議（令和臨調）が2023年6月に発表した呼びかけ文「人口減少危機を直視せよ」にも、「この半世紀にわたり合計特殊出生率は回復していないし、過去30年の少子化対策も功を奏していない。……もはや少子化対策だけでは日本の急激な人口減少を食い止めきれないことも事実である。……2100年の日本の人口が約6000万人程度にまで減少することは、かなり確かな予測と言わざるをえない」とある。

明治初期から150年かけて人口は約4倍になり、2008年（1億2806万人）をピークにして、100年かけながら2分の1から3分の1に戻っていく。ここ数年を見ても、政府の減少予想よりもっと早く減っている。それを危機と捉えるなかれ。適正人口に戻ってゆくと考えるほうが健全で愉快で未来を描きやすい。

一方で、空き家問題が顕著化している。全国で空き家の数は約850万戸で、東京はその1割の80万戸以上（2018年時点）。空き家率はまだ15％までは達してないが、2030年代前半には30％を超えるという。

それなのに都心周辺でも、ローカルの主要都市でも、いまだにタワーマンションや巨大商業施設の建設が止まらない。しかもそれらには税金が投入されている。建設費の半分以上という場合さえある。タワーマンションの入居者も歳を重ねて2050年には高齢者ばかりになり、昨今の団地で起きている課題と同じ課題を抱えるようになる（同じどころか、もっと大きな懸案になるのは目に見えている）。超高層ゆえの維持コストを考えるだけでも頭が痛くならないだろうか。

人口減少とそれに伴う空き家増加が確実なのに、新しいタワーマンションを税金を投入してまで建設する。そのムダと矛盾になぜ気づかないのか。

さて、人口減少で空き家が増える中で経済成長を求めて新規のマンションや戸建てが統制なく増えていくとどうなるだろうか。答えは簡単だ。ゴーストタウンが至る所に増え、治安が悪くなり、人びとの心の荒廃が進み、子どもたちの健全な育成が阻害され、負の対策のために行政負担が増し、税金も増えていく。空き家問題は、ローカルの課題でもあるが、それ以上に都市で深刻になっていくわけだ。

増える空き家・空きビルはどうしたら？

私は移住斡旋の活動で多くの空き家を見てきたが、大雑把な私感では、3分の1の空き家はリノベーションするより壊したほうがよく、残りの空き家はリノベーションしたら活かし甲斐がある。それらをポジティブに提案していきたい。

①朽ちている空き家は壊して林か畑に！

リノベーションするにも難しい家は壊す。そして跡地は木を植えるか、畑にする。どちらがいいかは近隣の家々の状況や、水はけや傾斜具合などによって考えるとよい。近隣住民の同意が得られない土地、日射が少ない土地、水はけが悪い土地、傾斜がある土地、それらはその条件に合う多様な木々を植えるとよい。日射が多い、平坦、近隣の同意などの条件が揃えば、畑にするのがよい。

木々や畑が点々と増えることによって、雨が大地に染み込みやすくなり水害を減らし、大規模な火災の延焼を防ぎ、災害・緊急時の避難場所になり、街が災害に強くなる。畑と果樹は平時も緊急時も食料安定供給に貢献し、木々とその根元の土は生ごみを循環させる機能（コンポスト）を担える。

また、木々が呼吸することでCO_2が低減し、新鮮な酸素が供給される。木々や畑の葉や草が呼吸することでその葉の表裏で小さな気圧の差が生じて空気の流れが生まれ、その集積でそよ風が吹く。その風たちは、点々と存在するようになる木々と畑をつなぐように街全体に流れるようになる。すると、都会のコンクリートの熱を和らげ、気温を下げ、ヒートアイランド現象を抑え、急激な上昇気流による豪雨の発生を少なくする。何より、程よい湿度・風・気温になって、街に暮らし働く人びとが四季折々で快適になる。

木々と畑は、子どもたちへの自然教育にも、農作業習得にも、遊び場にもなる。木々の下にベンチを置けば、高齢者の休憩場所になり、熱中症も防ぎ、住民の憩いの場所になる。林や畑に井戸を掘れば、土中の水循環に貢献し、エリアの土地を潤し、災害時にも役に立つ。落ちた枝は管理すれば燃料になり、落葉する葉を集めれば踏み込み温床（発酵熱を発して野菜の育苗に利用する）や肥料になり、畑で利用できる。

畑には、ソーラーシェアリングを設営しよう。ソーラーシェアリングとは、畑の上に、鍬（くわ）を振り上げてもぶつからない高さ（2・5～3ｍ）で太陽光パネルを広く隙間を空けながら設置することで、太陽光で発電しながら、隙間から届いた太陽光を受け止めた土が作物を育てる仕組みのことだ。太陽光を発電設備と作物で分け合うので、ソーラーシェアリングと名付けられている（畑の3分の1にパネルを設置し、残り3分の2の隙間から届く日差しで作物を育てる）。

点々とした畑で発電が行われていれば周辺の家に電気を供給できるし、畑でスマホやパソコンや電動工具やＥＶカー（電気自動車）が充電できることになる。自動運転化されていく車が、充電できる畑を基点として、役所・病院・商業施設・学校などを結べば、高齢者や障がい者や幼児を同伴する保護者や子どもの移動困難が解消する。

ソーラーシェアリングの下に育つ大豆と見学者たち

畑は区画分けして近隣の希望者が使えばいい。ビッグデータやＡＩで希望者と畑をマッチングしてもいいだろう。そうすれば、都会でも農的暮らしができるようになり、半農半Ｘも可能になり、半自給や一部自給ができるようになれば、収入がほどほどであっても暮らしていけるようになる。

こうなると、新しい仕事も起こしやすくなる。仕事はひとつでなくていいので、地域や人に役立つ複数の仕事をもって暮らす人が増えてくる。そして農的暮らしを取り入れる人が増えてくれば、先に述べたように、人びとが健康になり国の医療費も減っていくだろう。こうして街に点々と増えていく朽ちた空き家を林や畑に変えていくことで、浮かび上がってくる未来像を想像すると、次々に企画案や構想が浮かんできてワクワクしないだろうか。

②活かせる空き家はリノベーションへ

まだそんなに傷んでいない空き家はリノベーションしよう。売買や賃貸できそうな物件は地域の中小の建設会社、住宅会社、設計会社などが手掛ければいい。大工や左官職人や電気工事屋や植木職人など、さまざまなナリワイ人が必要となって生まれ、仕事が巡っていく。

建物は直せるけれど売買にまでは及ばないような空き家は、その家を利用したい・住みたいという人がセルフリノベーションすればいい。ソーラーシェアリングを伴う畑に隣接して、電気充電カフェが設けられ、そこではスマホやパソコンの充電だけでなく、充電式電動工具のレンタルが開設されるといいだろう。すると収入が低い人でも、電動工具を自由自在に使えて、家を直して暮らすことができる。

こうして、街に家が供給されてくると、人口が減ってもワイワイとした賑やかな雰囲気が醸されるようになる。畑を往復する人やナリワイ人や職人やＤＩＹでリノベーションする人たちが街を歩くようになる。すると必ずや、カフェや飲み屋が生まれてくる。それら飲食店は近くの畑から食材を調達するだろう。八百屋だって復活してくるに違いない。コワーキングスペースやシェアオフィスも立ち上がるだろう。そうして徐々に街が賑やかになってくる。

③大きな建物の解体もリノベーションも、ゼネコンに役割がある

空き団地、空きマンション、空きビルもこれから必ず増えてくる。これらも空き家と同様、傷みが激しいもの、耐久性をクリアできないものは解体するしかない。解体したら、その土地はやはり林や畑にすればいい。大きな建物の解体は当然、解体屋でもいいが、大手ゼネコンが担えるのではないか。そしてリノベーションして再利用価値を生み出せそうな物件は活かせばいい。これも大手ゼネコンの仕事になるだろう。

これからの建設業は、今までの造るばかりの業務から、きれいに安全に解体する業務、廃資材に適正処理を施す業務、そしてまだ使える資材をリユース・リサイクルし、リノベーションに活かしていく業務、そんな役割を大きく担うことになる。

これからの時代は「新たに造る」という方向性は縮小していかねばならない。ただ「造る」という営みが全廃することはない。更新が必要であったり、新規の建物が必要になることもある。必要物を時代に合わせてエコロジーで持続可能なものに進化させつつ、「造る」という業務の縮小を、「再生する」という業務でカバーしていけばいい。時代と共に産業や企業のあり方は変わっていくべきだし、それができない企業は淘汰(とうた)されていくことこそが、本来の資本主義である。

④リノベーションで活かされる工場や倉庫

工場など高い天井の建物は、リユースセンターやリサイクルセンターに再利用するといい。リユースセンターは、解体した空き家や建物から出てきた廃材で再利用できそうなものをストック

しておく場所だ。梁（はり）や建具などは再利用できて貴重なものも多い。使える家電製品などを種類ごとにストックしておくのもよいだろう。それらを使いたい人が有料・無料いずれでも持っていけるようにすれば、地球資源をこれ以上搾取することなく、すでにあるものを活かしていけるのだから。家電製品などはそれを修復できる人がナリワイ（仕事・小商い）にもできるに違いない。

リサイクルセンターは、プラスチックや金属など、再加工で資源になるものを一時保管する場所だ。プラスチック原料の石油をはじめ、埋蔵量が減り枯渇に近づく化石燃料をこれ以上掘り出して使い続けるのをやめなければならない。残りは未来世代につないでいかないと、文明が続かない。

よって、リサイクルで再資源化できるものをストックしておく場所がどうしても必要になる。大きな建物、元工場などはそうした役割を担えるわけだ。

使われなくなった街の小さな工場や中小企業の大きめの倉庫などは、宅配荷物の中継所としても活用できるだろう。人口が減ってくる中で、現在のように乱立する宅配会社がそれぞれの自宅まで宅配物を運ぶのは社会全体で見たときに非効率的だ。環境問題から考えてもトラック数を減らす必要もあるし、すでにトラック運転手の減少という問題を抱え始めている。遠方からの宅配物は、街のリノベーションした中継ストックで受け取って保管し、そこから各家・各個人への宅配は地域住人が担えば、小さな仕事やナリワイが生まれる。自動運転のＥＶカーが近隣の畑まで運んで注文した人が受け取ってもいい。

⑤リノベーションした団地やマンションの活用

団地やマンションはゼネコン、中小企業、大工、ＤＩＹ、いずれがリノベーションしてもいいと思うが、その活用法も多種考えられる。

高齢化が進む都会では、一人暮らしの高齢者が年金の一部で入居できる施設が増えてくるに違いない。まだ元気な高齢者は、全盛期に培った仕事のスキルをその施設のための活動に活かし、料理人だった人は料理すればいいし、植木職人だった人は周囲の樹木の剪定（せんてい）をすればいいし、ＩＴ関係者だった人は施設のシステムを構築すればいいし、営業職だった人は入居希望者のガイドをすればいい。役割をもつことで元気を保ってもらえる。

また、それより上の世代の高齢者や先に心身が弱った人の世話を通じて、いつか自分が見送られる立場になることも学べ、「人の役に立つ」立場から「人に世話してもらう」立場に移行しても、ペイフォワード（恩送り）で後ろめたさなく、終末を迎えられるだろう。

一人暮らしの高齢者が住まう施設の近隣には、シングルマザーやシングルファザー専門の入居施設があるといい。親が仕事で留守の間、その施設の高齢者が子どもを世話する。子どもは高齢者からの知恵を学び、高齢者は子どもから生き甲斐や元気や希望をもらう。子どもを地域で育てるという古き良き文化が復活してくるだろう。親は安心して仕事に出かけられる。同じように、保育園・幼稚園・子ども預かり施設（学童保育など）・児童養護施設なども高齢者施設の近隣にあると互いに効果が上がる。

コンクリートから土へ

都市はコンクリートに覆われ、土がなくなって久しい。それが環境と人間に悪影響を及ぼしている。コンクリートを邪険にして悪者にしようということではない。コンクリートなしには私たちの生活の利便性の発展はなかっただろう。

しかし、だ。コンクリートに種を置いても埋めても、芽は出ないし実はならない。人がいのちを存続させるための食べものを生み出せないのだ。そして遠くのローカルから食べものを運んで、CO_2をまき散らしている。都市が抱える課題を克服していくには、土をもう一度尊いものとして身近な地域に取り戻す必要がある。

そうはいっても、都市に人が集中する高度経済成長時代かつ都市集中化時代は土を覆って建物や道路を造る以外に道を描けなかったことだろう。だが今、幸いにして、2008年度を境に人口減少時代に突入した。生産年齢人口も当然減っていく。よって、空き家や空きビルが増加していくのは自然の流れ。だとしたら、空き家と空きビルは土に戻してゆくのが需給関係からして理にかなっている。無理やりに経済成長を目指してタワーマンションや大型施設やリニア新幹線を造ろうとするほうが、どう考えてもおかしい。本来は人びとが暮らしやすいように活用するべき税金を、できもしない経済成長のための施策に大盤振る舞いしている。

そうではない。土に戻してゆくのだ、畑に戻してゆくのだ、林に戻してゆくのだ。それには大きな財源はいらない。過去のデータに基づいて計画された公共事業（もう必要なくなったタワーマンションや商業施設）への税金・公金を、空き家・空きビル解体に振り分け直すだけだ。一気に進める必要はない。空き家も空きビルも毎年生まれてくるのだから、新しく必要な施策も少しずつ更新していけばいい。解体だけを税金・公金で遂行し、リノベーションは民間や市民に任せる。福祉的なものには助成する。必要なのは、それを可能にするための法律改正と立案、入札ならぬ公正なマッチングだ。

空き家が畑になって、都市が変わる

都市部になるほど増えてゆく空き家や空きビル。朽ち方がひどい建物を解体して、作物を育てる条件に合う土地は、畑にする。空き家が点々と増えていく中で、それを追うように点々と畑が生まれてくる。都市に住みながらも土に触れて自給したい人が、近くの畑をマッチングで借りられる。

誰もが望めば半自給できる都市への移行。収穫される作物は各々の自給分だけにとどまらず、おすそわけ・マルシェ・新時代的八百屋・近隣カフェ・レストラン・居酒屋などに流れるようになる。それはすなわち、都市における地産地消への移行、国民総自給的社会への移行、循環型社会への移行だ。

畑や、空き家・空きビルのリノベーションで、人びとが街を往来するようになれば、さまざまなナリワイが勃興してくる。古い家のリノベーションを店や事務所や小規模な作業所にするのなら、家賃出費は小さくなるだろうから、高い固定費のためにひとつの事業に苦労して従事する必要はなく、さまざまな仕事を兼業できるだろう。たとえば週の2日は企業で働き、2日は店を営み、合間の時間で畑に通い、残りの3日は単発の請負ナリワイをすることもあれば、家族との休息や旅にあてるのもいい。

隙間時間や休日に畑作業する人が増え、土に触れ、ストレスを解消し、免疫力が向上し、感染病が減り、アレルギーや鬱（うつ）も減り、健康で長生きで、仕事が生涯現役的になって、寝たきり期間が短くなり、国の医療費は減り、元気で楽しげな大人や高齢者を身近に見て、子どもたちは多様な生き方を知り育つ。

木々が増え、畑の上のソーラーシェアリングや建物の屋根などに太陽光パネルが設置され、CO_2排出が減り、都会でもエネルギーの地産地消が少しずつ実現していく。

空きビルや空きマンションの有効リノベーションで一人暮らしの高齢者に暮らしの場が生まれ、生きづらさを抱える人も寄せ集まりながらもプライベート空間を確保しながら支え合える場になり、子どもたちは親が忙しくても地域の皆から育て上げられ、その誰もが近くの畑で土に触れて安心安全の作物を得られるようになる。これは究極の福祉である。

こうして、食べもの（Ｆｏｏｄ）、エネルギー（Ｅｎｅｒｇｙ）、福祉（Ｃａｒｅ）を地域で自給せよと提唱した経済評論家の故・内橋克人（かつと）さんの「ＦＥＣ自給圏」が現実になる。

どうだろうか。都市の用無し建物を畑に。人類の破滅へと加速していた時計の針が、破滅回避へと逆向きに転じ、減速し始めてゆっくりになり、人間らしい時間軸で豊かに生きられるようになる。畑で少々でも自給するようになることを始まりに、お金を稼ぐのが上手じゃない人でも自分たちでモノを作り出したり、家を直したり、手伝い合う仲間ができたり、小さいナリワイを起こす機会があふれていたり、こうして安心して楽しみながら暮らせる都市をクリエイトしていけるんだ。

誰もが居場所ある未来へ、誰もが役割ある未来へ。畑が、土が、導いてくれる。

（1）ＷＩＲＥＤ「土に触れる生活が心身の健康につながる。抗ストレスの妙薬は『土壌』にあった：研究結果」２０１９年６月10日。https://wired.jp/2019/06/10/healthy-stress-busting-fat-found-hidden-dirt/（アクセス２０２３年5月22日）。

（2）堀口健治・弦間正彦「自営農業者の長寿傾向と後期高齢者医療費への反映——埼玉県本庄市における調査を踏まえて」『農林金融』第70巻第９号通巻８５９号、２０１７年９月。https://www.nochuri.co.jp/report/pdf/n1709js2.pdf（アクセス２０２３年5月22日）。

第7章 世界に広がる農の力と都市の再生

1 香港の都市農業

安藤 丈将

グローバル・シティの都市農業

香港は、人口700万人を超える都市である。その内部には村と呼ばれる地区はあるが、都心部との距離は近く、都市と農山村の境界はそれほど明確ではない。そのため、都市農業という農業から区別されたカテゴリーが行政上存在するわけではなく、香港における都市農業は農業とイコールで見られている。

2020年の香港国家安全維持法の施行で香港が大きく変化する前の農業の状況を確認してみよう。香港政府の公式の調査報告である『漁農自然護理年報 2018―2019』によれば、香港では1963の登録された農場があり、約4300人の農民と労働者が農業部門で雇用されている。これは、総労働人口の約0・1%にあたる。13年の農業生産額（農作物と家畜を含む）は、

7・76億香港ドル（1香港ドル＝約19円）に達するが、これは香港の総生産額の0・03％である。農民の1人あたり収入は、他の産業の4分の1にすぎない。[1] 18年における野菜の自給率（生産・消費量ベース）は、1・8％である。政府が稲作に産業としての価値を見ていないため、米に至っては政府統計が存在しない。

香港各地の稲作農場を紹介した書籍『近田得米』[2]の整理によれば、農場の種類は、生産型、コミュニティ・教育型、混合型の3つに分かれる。生産型農場の多くは、香港北部の新界地区にある。都市部から離れた自然の残る新界元朗区・八郷には、「菜園村生活館」（以下、生活館）がある。生活館は、2008〜09年にかけて高速鉄道の建設計画に反対した人びとが、計画の予算が立法界を通過した後に、取り壊しにあった村の近くの土地を開いてできた農場である。長く耕作放棄された土地を開墾し、農薬や化学肥料を使用せずに野菜栽培や稲作を営んでいる。新界北区・粉嶺北の「馬寶寶（マポポ）社區農場」は、高層マンションやショッピングセンターの背後に設けられ、農場で生産した野菜を併設のファーマーズ・マーケットで販売している。

面積の狭い香港では、たとえ限られた土地であっても、その土地を確保するのは容易ではない。そんな中で広がっているのが、屋上菜園（天台耕作）である。それは、商業ビル、工業ビル、教育機関、住宅ビルの屋上に設けられており、香港全体で300を超えるといわれる。[3] 運営主体のひとつの「都市農莊（City Farm）」という市民グループは、新界荃灣区の商業ビルの屋上を使い、利用者に座学から実習（野菜作り）まで農に関する基本的な知識を提供している。先の区分でいえば、屋上菜園は、コミュニティ・教育型農場に該当する。

これらの農場は、香港という貿易港、金融、観光の中心都市の、知られざる顔である。2000〜10年代に新たに開いたり、復活させたりした農場は、「新農夫」(非農家出身の若手の農民)が支えている。彼らは、きわめて狭い土地や空間を利用して農を営む、都市に生きる小規模農民である。

都市農業を取りまく困難な環境

以上の概観からわかるように、香港の都市農業は、経済規模という観点から見れば価値は高くない。農業振興を管轄する政府機関は、漁農自然護理署(Agriculture, Fisheries and Conservation Department：以下、漁農署)である。漁農署は、野菜の集荷・輸送・販売の業務を行う蔬菜統營處(Vegetable Marketing Organization)の運営を支援しており、近年では有機農業の振興も目的に掲げている。しかし、漁農署は環境及生態局の一部門にすぎず、農業振興だけでなく、漁業振興、食品安全、環境保護の行政も兼ねている。農業振興を掲げる本格的な農業政策や基本計画があるわけではなく、全体として見ると農業に対する政府の支援は厚くない。

都市農業の困難の一因として、土地問題があげられる。新界地区の土地利用は、香港政府が(中国政府の代理人として)私人に利用権を与えることで保証される。新界では、その土地が農地として指定されると、「農地農用」の原則に則って、許可なく宅地にしたり商用地にしたりすることができない。しかし香港政府は、郊外の人口が急増し、中国大陸との経済交流が活発になる1970年代から80年代にかけて、新界の農地をニュータウンの住宅地に利用したり、工業製品等の倉庫として利用したりすることを許容してきた。それは90年代以降も続き、さまざまな形で「農地農用」の例外が設けられ、農地が商業地や住宅地に変わっていった。農民たちは土地の利用権をもたないので、地権者から利用許可を得るのが容易でない。契約年数は短く、地権者の都合に左右されやすい。

これ以外にも、都市農業の難しさとしては、気候・天候の過酷さがあげられる。香港は亜熱帯気候に属するため、冬の一時期を除いて酷暑にさらされる。夏には台風が上陸し、長雨に見舞われることもある。気温が高くて湿気が多いため、害虫の活動も活発である。さらに、日本も含む外国からの農産物の輸入にも問題がある。香港は輸入農産物の関税がなく、規制も緩やかである。特に近年では中国大陸で生産された安価な農産物が市場に出回っており、香港の農民たちは激しい市場競争にさらされている。

香港の都市農業の特色

ここまで見てきたように、香港の都市農業は、厳しい社会、自然環境に置かれている。その中で営まれている農には、いかなる特色があるのか。

特色の第一は、農（業）の商業生産以外の側面の重視である。香港においても特に生産型に区分されるような農場では、生産の増進を重視している。しかし、先に述べた厳しい環境のため、生産活動を通して農民が生計を立てたり、人びとに十分な食料の供給をしたりするには至らない。そのために、たとえ生産型であっても、農民たちは、農の社会的な側面に価値を置いている。

農業活動の商業生産以外の側面の中でも最も重視されていることのひとつが、コミュニティ構築である。たとえば、前述の生活館の農民たちは、農を基盤にした社会関係づくりをその活動の中心に置いている。まず、農民間の関係である。農民たちは農業収入が低いため、その他に仕事をもって生計を立てている。子育て中のメンバーは、活動の時間が限られている。また、生活館では、機械に対する依存度が低いため、農作業を人力で進めることが多い。このような環境では、彼らが相互に協力しなくては農を営むことができない。

次に、農民と消費者との関係である。生活館では、農産物を卸売市場に出すことはなく、主に消費者が地域ごとに組織したグループに直接販売する方式を取っている。消費者は市場で入手する食べものの安全性に不安を抱えているため、農民は農薬を使わず、消費者の健康に配慮した野菜を提供している。他方、生活館の野菜は、味や安全性の魅力はあるが、野菜の価格や供給の安定性では市場の農産物に劣っているのは否めない。消費者は、定期的な農産物の購入、輸送コストの分担、野菜の食べこなしを行っている。

このように、農民たちは、消費者を巻き込みながら農の営みの共同事業を進めている。生産者と消費者の垣根を越え、等しい関係を築きながら、食べものの生産に責任と成果を分かち合う、そんなコミュニティ構築が活動の特徴である。

香港の都市農業の特色の第二は、民主化運動との接続である。返還後の香港では、公的な場所で大規模な抗議イベントが組織され、その行動に多数の人びとが参加し、それがメディアなどで大きく取り上げられることを繰り返した。２００３年の23条立法（国家安全法制定）反対運動には50万人が参加したといわれ、その後も、スターフェリーピア、クイーンズピアの保全運動（２００６、07年）、広深港高速鉄道反対運動（２００８〜10年）、愛国教育反対運動（２０１２年）、新界東北開発反対運動（２０１４年）が続き、14年の雨傘運動は参加者数を確定するのも困難なほど大規模な占拠行動に発展した。

これらの大規模抗議イベントは、参加者の間に香港に主流の価値観を相対化する見方とシンボルとなる言葉を広めた。イベント後、参加者たちが「民主」、「自主」、「本土（ローカル）」といった価値を実践しようとしたときに出会ったのが都市農業であった。このように、民主化運動の広がりは、農の担い手や消費者のすそ野を広げる結果をもたらした。香港の都市農業はその発展が民主化運動と密接に関係しており、それゆえに社会変革の方法としての農、すなわち「社会運動として農」の性格を色濃くしている。

＊＊＊

ここまで香港の都市農業の特色を述べてきたが、それをアジアという広大な地域の特色として一般化するのは無理があるように思われる。それでも、いくつかの共通点は見てとれる。まず、世界各地の都市農業は狭い土地で営まれるのが一般的だが、北東アジアの大都市のそれはとりわけ小規模であり、市場競争に不利な位置にある。そのために商業生産以外の役割が重視されているのは、香港と変わらない。次に、民主化運動との接続は、各国に違いがあるが、韓国・ソウル市に見られるように、都市農業が地方自治（自治体の民主化）と深く関わっている事例も存在する[4]。このように考えると、香港は北東アジアの都市農業の課題と可能性を集約的に示しており、未来を映し出す鏡となるケースといえよう。

（1）鄒崇銘・姚松炎主編『香港在地農業讀本――追尋生態、適切、低投入、社區農業』土地教育基金、２０１５年。

（2）蘇文英・鄒崇銘『近田得米――香港永續生活新煮意』印象文字、２０１５年。

（3）Pryor, Mathew. 2016. "天台耕作――由憧憬到豐収 THE EDIBLE ROOF – A GUIDE TO PRODUCTIVE ROOFTOP GARDENING", MCCM Creations, pp. 22-23.

（4）キム・チョルギュ「ソウル市の食政策の発展とガバナンス」『農業と経済』第87巻5号、２０２１年、１２４～１４１ページ。

参考文献

安藤丈将「香港・菜園村生活館におけるパーマカルチャーと社会運動」『ソシオロジスト』（武蔵社会学論集）23号、２０２１年、47～98ページ。

2 世界の連帯経済の現場から

ブラジル：フェイラ・リヴレ（自由の市）の挑戦

田中 滋

2023年4月18日、ニューヨークで開催された国連本会議にて、ある宣言が可決された。『持続可能な開発のための社会的連帯経済の促進』と題されたその決議[1]では日本でも政府や大企業が躍起になっているSDGs（持続可能な開発目標）の達成には、むしろ従来の資本主義の原則だけでは到達できず、公共に資する協働の事業体の織りなす社会的連帯経済こそが重要であることを認めたのだった。

資本主義では成しえないこととは何か？ そして人びとの間に連帯を育む事業体とはどういったものなのか？ この国連決議を理解するには世界の社会的連帯経済の事例を紹介するのが近道かもしれない。

その名は「Feira Livre（フェイラ リヴレ）／自由の市」

2017年末にブラジルの都市サンパウロにとある店が開店した。この店舗はサンパウロ市内地下鉄「República（レプブリカ）」駅から徒歩5分ほどのところにあり、まさに街の中心部といえる場所だ。そんな中心部でありながら、店の外観は青物卸売市場のような姿である。

野菜がコンテナに入ったままで所狭しと並んでいるが、床も壁も裸のスチールやコンクリート打ちっぱなし。どちらかといえば車庫や倉庫のような内装である。夜にはシャッターが閉まるようなのだが、ひとたびシャッターを開ければドアもない開放された店舗だ。近づいてよく見てみると、野菜だけでなく奥に設置された棚には雑貨が並び、冷蔵庫も何台か備え付けられている。

この店「Instituto Feira Livre（自由の市研究所）」は実は主にサンパウロ州内の有機野菜や加工品を集め、消費者の理解と善意と連帯精神に支えられている、スーパーのようでスーパーでない店舗なのであった。

自由の市店内に掲げられた看板

特徴的なのは、入ると真っ先に目につく看板。「ISSO NÃO É UM SUPERMERCADO（ここはスーパーマーケットではありません）」と書かれている。野菜が買え、日用品も揃っているので、いわゆる事業体の種別として「スーパーマーケット」に限りなく近い。しかし、経営者自身が「スーパーマーケットではない」と標榜しているので、それを「スーパー」や「スーパーマーケット」であると論じるのははばかられる。

この「自由の市」と呼ばれる店舗に入って次に気づくのは大きく「35％」と書かれた看板である。

この看板こそが自由の市が連帯経済たる根幹に関わる部分のひとつなのである。

「35%」の意味するもの

店舗の中をもう少し探検すると、置かれている野菜はすべて有機農産物であり、産地表記からほとんどが地場野菜であることに気づかされる。しかし、一見するとすぐにそうだとは気づかないのはその驚くべき安さからなのである。それこそ近隣のいわゆるスーパーマーケットに並ぶ有機農産物に付けられているような高額の値札には程遠く、むしろ一般的な生鮮食品の棚に並んでいる値段とあまり変わらないか、それより安いぐらいの値札が付いているのだ。一般的なスーパーでたまに有機農産物を眺めたり買ったりする人からすれば、有機だと考えにくい値段である。

こんな価格で店先に並べられるのは卸売市場のようなところだからだろうか？ 直売所のようなところなのだろうか？ などと考えながらよく見てみるとこの値札、実は「原価」と書かれているのだ。ここに自由の市が社会実験として取り組む大きな信頼に基づくビジネスモデルが存在する。

自由の市の値段表示はすべて原価表示なのだ。すなわち、農産物の金額は農家が店舗から直に受け取った金額を示している。もし消費者がこの額しか払わなければ、自由の市には残るお金はなく、すぐに潰れてしまうこととなる。そこで推奨されているのが先の35%の料金を上乗せすることなのである。

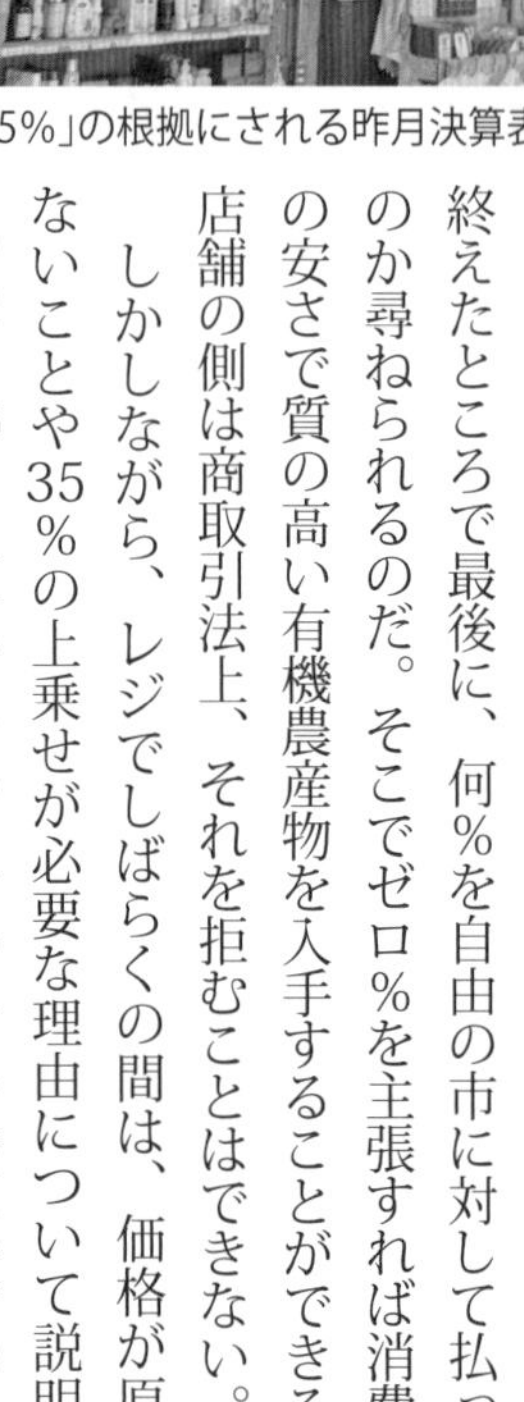

「35%」の根拠にされる昨月決算表の黒板

実際にレジに並んでみると、まずは値札にあるとおりの値段でレジに入力が次々となされていく。そしてすべての入力を終えたところで最後に、何%を自由の市に対して払ってくれるのか尋ねられるのだ。そこでゼロ%を主張すれば消費者は破格の安さで質の高い有機農産物を入手することができる。そして店舗の側は商取引法上、それを拒むことはできない。

しかしながら、レジでしばらくの間は、価格が原価にすぎないことや35%の上乗せが必要な理由について説明が行われる。客は35%も支払えないと言ったり、逆にレジのスタッフは25%であればできないかと言ってみたり、などの説得や交渉が展開される。時にこの押し問答は、後ろに次の購買客が待っている中でも5分10分と続けられるとのことである。しかし、最終的に店側に強制力はないので、消費者の善意と責任意識に依存したメカニズムなのである。

透明性と責任意識がカギ

会計時に説明されるのがレジ横の大きな黒板である。このボードには前の決算月にかかった光熱費、人件費、施設修繕費、広報宣伝費などあらゆるコストがつまびらかに明記されているのだ。それに合わせて示されているのが当該月の売り上げと寄付額を加味した収支である。これを根拠に、仕入れ原価に35%を平均的に上乗せすることができれば十分に自由の市は維持できることを説得するのだ。あらゆるコストを詳細に公開し、仕入れの原価もはっきりと示す。そのうえで、最終的には消費者に命運を委ねるのが自由の市の精神である。

しかし、ここで注目するべきなのは単にすべての価格を善意に委ねて、値付けを完全に消費者に任せるのではなく、自由の市が生産者に対して払っている仕入れ値は最低限定価としている点である。一般的な大手商店では商品の販価がある程度定まっていて、そこから仕入れ値を切り下げれば小売りの利ザヤが増える。しかし、ここでは生産者への支払い額がそのまま定価である。どれだけ高くても安くても、その仕入れ値を調整するだけでは自由の市の利益は一切増えない。そのために、あまり生産者に切り詰めさせるインセンティブがそもそも薄くなる。

変わったビジネスモデルを導入しているのは自由の市の都合であり、その責任は決して生産者には背負わせない。生産者に払う分だけは確保したうえで、むしろ十分な価格を支払っていることを消費者にも明確にわかるようにし、自分たちの命運をその消費者に委ねるのである。

自由の市が育む多層の連帯

さらに、この特殊な料金設定は消費者同士の連帯行動も誘発させる。創設メンバーの一人であるファブリシオ・ムリアナ氏によれば、自由の市付近の定住所をもたない労働者や社会的弱者が来店することもしばしばあるという。その様子を目撃した他の消費者が40%や50%などの上乗せ分を払い、店舗の維持発展に貢献する配慮がしばしば見られるというのだ。近くには大学があり、学生が35%上乗せできないのを見ると教授が多めに払うこともある。このように経済力あるいは個別の事情を勘案し、ひとつの共同購入コミュニティとして支払い能力に応じた自主的価格設定を促すことも自由の市の仕掛けなのである。

さらに、自由の市では有機農産物を生産する農家の自立的経営を促すために、サンパウロ州政府への有機農業補助金の提言に名を連ねるなど、店舗としての機能以外にも関心をもった市民が活動の入口にできるような情報発信の拠点としても機能している。自由の市はまさにただの「スーパーマーケット」ではなく、都市生活者と生産者の間に関係性を取り戻し、都市生活者の中にひとつのコミュニティを生み出し、それらコミュニティが社会変革のエージェントとなるための情報発信拠点として存在するのだ。

商品をどれだけ売ってもそれだけでは潰れる店

自由の市の土台になっているのは資本主義経済の全面的見直しである。そのビジネスモデルは通常のビジネス感覚でいえば完全に自殺行為である。普通は店舗経営に必要なコストを販売価格に上乗せすることで利益マージンを確保する。それを定価とすることで商品が売れさえすれば事業は成り立つようになっている。

しかし、ここではそのビジネスの常識を無視して、店舗としての命運をすべて消費者との信頼関係に委ねているのだ。ここでは商品をどれだけ売っても、それだけでは決して経営は成り立たない。そのうえで、消費者から信頼を得て35％程度のマージンを上乗せしてもらわなければならない。消費者との信頼関係の構築は「できたらいいね」ですませられるものではない。信頼関係が培えなければ店は潰れる。このシンプルな店舗経営における最低条件の大転換は、自由の市が資本主義経済の一歩外に出たところに存在していることを示している。

公正さの再認識

こうした店がサンパウロにあることにどのような意味があるのか？この店ではたとえば同じ商品を買っても、ある人は１００円でそれをすませようとし、別の人は１３５円を払うことになる。それは公正といえるのだろうか？この商品の販売だけを基準に考えたらそう見えないかもしれない。しかし、なぜある人は１００円しか払えないのか？１３５円払うことのできる人はなぜ払えるのか？そのような背景と文脈まで考えて公正さを考えたらどうだろう？もし１００円しか払わなかった客が、店をだまして貧しいふりをしていたのであれば、当然これはフェアではない。１３５円支払った客も実は生活が苦しいのに押し負けてしまう性格のために多く支払っていたのであれば、やはりフェアではない。

このように各消費者を支払い能力の額面で見るだけでなく、個別の事情や人格まで踏まえなければ、自由の市の経営モデルにおいて公正さは追求できない。そのことによって私たちはお互いとの関係性を考えさせられる。文脈抜きで消費者を見ることができなくなる。消費者も自分の事情を抜きにしてお店に来ることはできない。つまり、自由の市は値段交渉を通じてお店と消費者の間に関係性を積み上げることが経営モデルの中に組み込まれているのである。

経済合理性だけを追求していてはこのようなコミュニティ形成はできない。最も効率よく多くの貧困層に配給することだけを考えたような貧困対策ではできないことが、ここでは試みられたのだ。国連がこのたび出した決議というのは、そんな取り組みがまさにＳＤＧｓ達成には必要なのだという認識の表れである。

ではほかにもこのような関係性づくりを誘発させる取り組みはあるのだろうか？日本国内の都市、そしてもっと身近なところに事例はないのか？おそらくそれはあるはずである。誰もそれを「社会的連帯経済」と呼んでいないかもしれない。それでもそういう取り組みは大事なのだと少なくとも国連は認めたようだ。

Instituto Feira Livre
住所：Rua Major Sertório, 229, República
São Paulo, 01222-001, Brazil
https://www.institutofeiralivre.org/

（1）国連決議『持続可能な開発のための社会的連帯経済の促進』（A/77/L.60）https://digitallibrary.un.org/record/4007682（２０２３年６月20日アクセス）

3 持続可能な未来社会の構築に向けた学校菜園の潜在力

米国カリフォルニア州の公立小学校の取り組み事例からの考察

山本　奈美

学校菜園は、近年、特に欧米や英語圏において高い注目を浴びている教育ツールである。その理由は、学校菜園で展開される「菜園を基軸とした学び」(Garden-based learning：以下、ＧＢＬ)にある。ではＧＢＬとは、子どもたちにとってどのような学びで、持続可能な未来社会の構築に向けた教育ツールとしての潜在力とはどのようなものなのだろうか。本章では、まずＧＢＬの特徴を紹介したうえで、米国カリフォルニア州サンタクルーズ市の公立小学校で展開される学校菜園の取り組み[1]を事例に、その課題と可能性を考察する。

ＧＢＬの特徴と教育上の効果

ＧＢＬとは、菜園を学びのツールとして活用する教育アプローチである。ＧＢＬの中心は、五感を使った探究型の体験活動であり、生態系の仕組みや自然の摂理について、子どもたち自らが発見し理解する学びの過程を重視する。ＧＢＬが展開される舞台である学校菜園は、子どもたちの好奇心を引き出す要素に満ちた自然の空間であり、「生きている教室」である。菜園での活動を通して、子どもたちは多様な生きものの存在を実感し、いのちの営みに遭遇し、それらが織りなす絶妙なバランスとダイナミズムを発見する機会を得る。

ＧＢＬは欧米に起源をもち、特に米国においては、オルタナティブな食と農を目指す運動の後押しを受けて発展してきた。[3] 近年の注目の高まりを受けて研究が進展し、教育上の利点や可能性を明らかにする研究成果が急速に蓄積されてきている。

教育上の利点として指摘されるのは、第一に学習面での効果である。特に理科に顕著とされるが、教科全般の学力向上や学習意欲の変化が指摘される。[4]

第二が子どもの健康やウェルビーイングの向上である。[5] それは、ＧＢＬによって食と栄養に関する知識が向上し、野菜や果物に対する態度や嗜好性が変化し、試食意欲が生まれることでもたらされる。長期的な食習慣の変化につながるとまではいえないにしろ、少なくとも野菜への抵抗感が軽減されると指摘され、子どもの健康的な食生活のきっかけとなる可能性がある。加えて、菜園での体を使った活動がもたらす肯定的影響である。座位時間が長いライフスタイルを送りがちな現代の子どもたちにとって、菜園での活動的な時間がもたらす利点が指摘される。

第三が子どもにとって非認知的能力の発達の機会となっている点である。非認知的能力は社会情緒的能力とも呼ばれ、たとえば協調性や自尊心、外向性といった学業成績やテストでは測れない能力であり、社会における重要性が近年注目されている。[6] 菜園の授業では、児童同士でコミュニケーションを取り、協力し合うといった「社会的コンピテンス（competence：能力、力量）」と呼ばれる能力を必要とする態度が、通常の教室での授業より頻繁に確認されるという。[7]

第四が環境教育の効果である。ＧＢＬは環境に配慮した行動の重要性への理解を促し、子どもの環境に対する姿勢や態度に肯定的変化をもたらすことが確認されている[8]。

第五が子どもの家庭や地域社会への波及効果である。食は、自らや家族の健康とフードシステムのつながり、さらには地域社会や地球の健全性について、周りの人びとと対話する機会を創出する。地域社会と自然環境とのつながりに愛着を抱き、ケアの感情を育み、関係性の構築が促進されると指摘されている。

こういった研究成果の影響を受けて、ＧＢＬの取り組みは世界各地で広がりつつある。その広がりは欧米で顕著であるが、加えて、オーストラリア・インド・ケニア・ブータン・ネパールといった欧米を越えた地域でも導入が進んでおり、先進国・途上国を問わずその効果が確認されている[9]。

地球環境問題が深刻化する中、持続可能な社会へと転換する取り組みの重要性が認識されている。このような文脈においてＧＢＬは、子どもたちが身近なコミュニティの持続可能性に働きかけ変化をもたらすことが可能であること、その意義を社会の構築プロセスに参画し、未来の担い手となるうえで、主体性を引き出す手段として、その潜在力が期待されているのである。

ゴート小学校のＧＢＬ

では実際、ＧＢＬはどのように展開されているのだろうか。筆者が参与観察をしたゴート小学校（以下、ゴート小）を事例に考察する。

ゴート小は、サンタクルーズ市学校区が運営する4校の公立小学校のうちのひとつである。サンタクルーズ市は、北カリフォルニアに位置するサンタクルーズ郡の郡庁所在地で、同郡最大の都市であるとはいえ、人口約6・2万人の小規模で静かな町である。モントレー湾の北部に位置し、温暖な気候とビーチ、サーファーの町として世界的に有名だが、有機農業やアグロエコロジー研究で知られるカリフォルニア大学サンタクルーズ校の近隣を中心に、進歩的な住民が多い地域としても知られる。一方で、北に世界のIT先進地のシリコンバレー、南に全米最大のレタス産地であるサリナスバレーという立地のため、富裕層と移住農場労働者をはじめとするマイノリティが居住区を分けながらも混在する地域でもある。

ゴート小は、サンタクルーズ市の中心部（ダウンタウン）に隣接する、シーブライトという小さな地域にある。キンダー（幼稚園・保育園での年長児に相当）から5年生までの6学年の児童約300人が通う小規模校である。人種構成は、71・8％がマイノリティ（68・4％のラティーノを含む）、28・2％が白人である[10]（2021年）。この構成は、サンタクルーズ市の人種構成（69・2％が白人、21・1％がラティーノ）と真逆である。これはゴート小の学校区が、富裕層である白人層が多い地区であるシーブライトだけでなく、比較的家賃が安価な集合住宅が集まるダウンタウン地区も含まれているからである。

ゴート小では、1年生から5年生まで、週に1度の菜園活動がカリキュラムに組まれている。ただ、筆者の子が通った2021年度はコロナ禍であったため、菜園活動は2週に1度であった。

1クラス約25名の児童が2グループに分かれ、菜園活動と図書館活動を交互に行ったためである。ゴート小で学校菜園活動を一手に担うのはS先生、ゴート小での勤務が4年目の菜園教員である。菜園での教育活動の内容はS先生が組み立てる。参考にするのは非営利団体ライフラボ発行のGBLの教科書である。ライフラボは、1970年代よりGBL推進活動を続けてきたサンタクルーズに所在する先駆的なNPOで、学年ごとの教科学習内容に沿ったGBLのカリキュラムを作成してきた。[11] ライフラボの研修に定期的に参加しているS先生は、実践を重視した同NPOの研修は授業で使えるアイデアが豊富で、カリキュラムに沿った教材と共に重宝しているという。

筆者が参加した授業の風景をいくつか紹介したい。その日の3年生の授業は、スナップエンドウの周りに集まりながら始まった。1カ月ほど前に児童たちが種から植えたスナップエンドウが5本ほど、3つの独創的な支柱をたよりに生長している。支柱が「独創的」なのは、数週間前に児童たちがグループになり、支柱はどういう要素を備えている必要があるのか、どういう形で立てたらその要素を備えることができるのかを考え、小さな棒で模型を作った後、実際に児童が協力し合って立てたためである。

児童は、一方に傾く2本の支柱より、3本の棒で支え合う支柱を比較し、その強度の違いを理解する。なぜ同じ日に植えたエンドウの生長の速度が異なるのか（雑草の存在、隣の高い植物が太陽光を遮っているなど）、支柱に絡みついている苗と、絡みつかない苗があるのはなぜなのか（誘引するヒモのあるなし）を観察する。S先生は「なぜだと思う？」と問いかけはするが、答えを見つけるのは児童たちである。

菜園の授業では、車座になって先生の話を聞き、その日のテーマと問いについて考える時間が10分ほどある。たとえばある日の3年生の授業では、「昆虫って足が何本の生きもの？　どういうところで暮らしていて、生態系でどういう働きがある？」という問いで始まり、その後、「実際に昆虫を探してみよう」といったS先生のかけ声とともに、児童それぞれが菜園を駆け回り答えを探索する。座学では集中し続けるのが困難な子どもたちも昆虫探しに夢中になり、米粒ほどの小さな甲虫を見つけては（冷涼な気候のため日本の甲虫よりとても小さい）「a beetle!」と感嘆の声を上げる。

ゴート小の菜園には簡易キッチンがあり、S先生の授業では毎回、収穫物を皆で簡単に調理して食べる。ある日の授業は、ニンジンの間引きだった。小さなニンジン菜が密集する畑を前に、S先生は「どれがニンジンだと思う？」「なぜこんなにたくさん生えているのだろう？」「このままだとどうなる？」と問い、「ニンジンが生長するスペースをあけてあげよう」と児童に間引きを促す。その後、児童たちは菜園の好きな葉っぱを収穫し、間引いたニンジン菜と好きな葉っぱをくるんだベトナム風生春巻きを作るためにキッチンに集合した。S先生はまず米粉の皮を見せて、「これって何でできてると思

3年生がスナップエンドウの支柱を立てている様子

う？」と聞く。「米」と知って驚く児童に、次は「どこの国の料理かな？」と問いかける。ベトナム、とはなかなか出てこず、「日本！」と言う子もいた。ベトナム料理だ、との認識ができた後、S先生は準備したベビーリーフと豆腐の味噌漬け、ショウガの甘酢漬けもトッピング材料としてテーブルに並べ、どうやって巻くか見本を見せた。子どもたちは好きな具材を入れて生春巻きを作る。ショウガが人気だった。

ほとんどの子がきれいには巻けないがご愛嬌、味には変わりない。「野菜を食べない」といわれがちな米国の子どもたちである。もちろん、一口食べて顔をしかめる子も一人二人はいる。そういう子は悪びれるふうもなく、コンポスト用のボックスにポイッと入れて、お皿を自分で洗う。しかしS先生が準備したオーガニックの醤油と米酢、タヒン（ライムと唐辛子の調味料）、菜園でもぎったばかりのレモンを搾って好みの味付けをしたら（特にラテン系の子どもたちはタヒンやレモンの味が大好きである）、ほとんどの児童が「美味しい！」と言って食べ、おかわりをする子や、「家でも作る！」と生春巻きの皮が買える店をS先生に尋ねる子もいたほどである。

このように、菜園では教科学習を横断した学びが展開される。ここで紹介した理科、家庭科だけでなく、算数、地理や歴史、英語（表現など）、アートの学習を取り込んだ授業も見られた。「机に座って課題に取り組むことが苦手な子どもも学びのプロセスに包摂できることがGBLの利点だ」と別の菜園教員が証言したように、五感を使った体験が多様なニーズをもつ子どもたちの探究心を引き出すことに、GBLの潜在力があるといえる。

学校菜園の「持続可能性」に向けた課題

肯定的な効果が確認されているGBLではあるが、その持続可能な運営に向けては以下の三点が課題として指摘されている。

第一が持続可能な資金調達、すなわち十分な額の安定的な資金源を確保することである。カリフォルニア州では、正規の授業でない学校菜園の経費は、芸術・音楽・図書館の経費と同様に、州政府から配分される学校の予算では賄えない。こういった主要教科外に位置付けられる教育活動は、学校が所在する地域の固定資産税を財源としているため、裕福な（住宅価格が高く固定資産税が高い）地域は潤沢な資金に支えられ充実している。一方で、貧困層が多く暮らす地域では財源不足で教材購入もままならず、教育の地域間格差が存在する。GBLへの注目が高まるにつれて公的・民間助成金も増加しているが、助成金情報を調べ応募書類を作成するといった膨大な事務作業を担う職員が必要であり、ハードルが高い。助成金が通ったとしてもいつ途切れるかわからないなど不安定である。持続的な財源をどう確保するのかは現在、全米中のGBLが抱える大きな課題である。

第二が人的資源の確保である。児童が充実した学びを得るためには、GBLの専門性を身につけた菜園教員の存在が不可欠である。しかし、教科教員は通常業務で手一杯で、GBLについての知識や手法を獲得するための研修を受けることもままならない。望ましいのは、菜園教員を専門職として雇用することだが、第一の財源確保の困難さと連動して容易ではない。

第三が正規カリキュラムとの整合性（子どもの時間確保）である。カリキュラムで課された学習内容は多く、菜園活動が授業の時間割の枠に組み込まれるためには、ＧＢＬの価値が理解され、高い優先順位が与えられる必要がある。しかし現状は、シリコンバレー隣接という地理的要因から か、主要教科外教育としてはＧＢＬよりコンピューター教育が優先される傾向にある、とＳ先生は語る。

すなわち、ＧＢＬが潜在力を発揮するためには、菜園活動の運営が経済的かつ社会的に持続可能であることがカギとなる。ゴート小をはじめとしたサンタクルーズ市の公立小の学校菜園も、同様の課題を抱えている。Ｓ先生や近隣の菜園教員の多くは非常勤雇用であり、経済的には不安定な立場である。自らのスキルアップのためには、研修や菜園教員の全米大会などに自費で参加する必要がある。

「学校菜園では何が育つのだろう？」

「学校菜園では何が育つのだろう？」は、ライフラボのポスターのメッセージである（図７―１）。通常、菜園で「育つ」のは、野菜やハーブ、あるいは果物といった食べもの、あるいは花などを想像する。もちろん菜園とはそういった植物が生育する場所であるが、このポスターは菜園では、①健康的な子どもたち（healthy kids）、②意欲的に学ぶ子どもたち（engaged learners）、③

レジリエント（強靭）でエンパワーされた若者たち（resilient, empowered youth）、④環境の守護者（environmental stewards）が育つのだ、と語る。

現代を生きる子どもたちの周りは、気候危機や生物多様性の喪失など未来への展望を描きづらい報道であふれている。このような状況において学校菜園は、子どもたち自らの「食べる」という日常の行為を、持続可能性に向けた変革の道筋上に位置付けるきっかけを提供する。すなわち、GBLへの注目が集まるのは、地球環境問題が深刻化し持続可能な社会への転換が喫緊の課題である現代において、持続可能な社会の担い手となるような未来世代の育成に寄与する潜在力が期待されるからである。

持続可能な未来に向けて、子どもたちの包括的な成長に寄与するGBLの潜在力は十分すぎるほど記録されている。[12]とはいえ、ゴート小を含めた実践例が示すのは、道のりはそう簡単ではない、という事実である。当然ではあるが、週に1度（当時は隔週）のGBLでは、児童の食行動や環境に対する意識を劇的に変化させるわけではない。すなわち、GBLの現状は持続可能な未来に向けた種まきにすぎず、芽を出した幼苗を困難から守り、水をあげ、支柱を立て、実れば収穫し、また次の季節に種をまく必要がある。現在、GBL推進者が直面している課題は、種まきがもたらす実りの公共的な価値を高めることである。社会の広範な層が恩恵を受け、社会全体に利益が還元されることが明らかになれば、優先事項のひとつとしてGBLの社会的認知が進むはずである。

だからこそ、公立校におけるGBLの取り組みの重要性が浮かび上がる。生まれた家庭の経済状況を問わず、すべての子どもたちが持続可能な未来の担い手となる必要があるからである。GBLから受ける恩恵と教育的効果が特に大きいのは、都市部の低所得者層でもあるマイノリティの家庭に育つ子どもたちであると、複数の研究成果が示している[13]。なぜならこういった子どもたちは、保護者の時間的、精神的、経済的制約のため、富裕層世帯の児童と比べて自然に親しむ機会が少ないとされるからである。S先生の話では、白人の児童は家庭で自家野菜を育てた経験をもつ子が多い一方で、ラテン系の児童は学校菜園以外の菜園経験をもたない場合も多い。このような現状を前に、ライフラボの代表理事のC氏は、GBLで今後重視され

図7－1「学校菜園では何が育つのだろう？」（筆者訳）

（出典）SPROUTS Foundation, Life Lab and SGSO Network（2022）What grows in school gardens? Available at: https://growingschoolgardens.org/why-school-gardens/（2023年7月28日閲覧）

るべきなのは、ＪＥＤＩＳに重点を置いた学びのプロセスだという。すなわちＧＢＬは、現在欠けている、正義（justice）、公平（equity）、多様性（diversity）、包摂（inclusion）、連帯（solidarity）の概念の内面化を追求してこそ、持続可能な社会の構築プロセスへの多様なコミュニティの参画を可能にし、その潜在力を発揮させることが可能になるといえよう。

謝辞：本稿執筆のための現地調査は、日米教育委員会フルブライト大学院博士論文研究プログラムの資金提供により実施可能となった。受入教員であるＵＣＳＣ環境学科教授のステイシー・フィルポット博士(Dr.Stacy Philpott) と同校アグロエコロジーセンター有機農業スペシャリストの村本穣司博士より得がたい機会と多大なサポートをいただいた。ゴート小の校長先生やS先生をはじめとする先生方、ライフラボ職員の方々より多くの刺激とご協力をいただいた。ここに記して深謝の意を表する。

（1）本稿は、２０２１〜22年にかけて約半年間、同市の公立校ゴート小の学校菜園で筆者が行った参与観察に基づいている。加えて筆者は、ゴート小に5年生として約9カ月間通学した子の保護者として同小学校の行事に参加し、児童たちと交流した。

（2）工業化した食と農の代案（オルタナティブ）として実践的な活動を行う取り組みやネットワークのこと。有機農業運動やＣＳＡ（地域支援型農業）など、さまざまな形態の活動がある。オルタナティブフードネットワークとも呼ばれる。詳しくは山本奈美「オルタナティブフードネットワークに関する研究動向」『農業と経済』第84巻1号、２０１８年、１２０〜１２３、１２５ページを参照。

（3）山本奈美「持続可能性と食の正義の実現に向けた有機学校菜園の現状と課題、可能性――米カリフォルニア州サンタクルーズのライフラボを事例に」『農業と経済』第88巻4号、２０２２年、１１３〜１２９ページ。

（4）Williams, D. R., & Dixon, P. S. (2013). Impact of Garden-Based Learning on Academic Outcomes in Schools: Synthesis of Research between 1990 and 2010. *Review of Educational Research*, 83(2), 211-235.

（5）Burt, KG., Koch, P., Uno, C., et al.（2016）. The GREEN Tool (Garden Resources, Education, and Environment Nexus）For Well-Integrated School Gardens. Research Brief, August. Laurie M. Tisch Center for Food, Education & Policy at the Program in Nutrition, Teachers College, Columbia University.

（6）遠藤利彦『非認知的（社会情緒的）能力の発達と科学的検討手法についての研究に関する報告書』国立教育政策研究所、２０１７年。

（7）Pollin, S., and Retzlaff-Fürst, C.（2021）. “The School Garden: A Social and Emotional Place”, *Frontiers in Psychology*, 12: 567720.

（8）Graham, H., Feenstra, G., Evans, AM., et al.（2004）. Davis school program supports life-long healthy eating habits in children. *California Agriculture* 58(4): 200–205. DOI: 10.3733/ca.v058n04p200.

（9）Holloway, TP., Dalton, L., Hughes, R., et al.（2023）. “School Gardening and Health and Well-Being of School-Aged Children: A Realist Synthesism”, *Nutrients* 15(5): 1190.

（10）US News Education の情報による。

（11）前掲（3）。

（12）たとえば日本語に訳されている記録は、以下に詳しい。センター・フォー・エコリテラシー著、ペブル・スタジオ訳『食育菜園　エディブル・スクールヤード――マーティン・ルーサー・キング Jr. 中学校の挑戦』家の光協会、２００６年。

（13）前掲（4）。

第8章 農の力で「コモンズ」を取り戻す

小口 広太

コロナ禍で見直された農の力

2020年3月から始まった新型コロナウイルスの感染流行により、食と農を取りまく状況が大きく変化し、食生活の脆弱性が明らかになった。しかし、こうした状況下でも、食料自給への関心が高まり、都市部も含めてローカルな食と農のつながりを再構築する明るい動きが各地で生まれた。

同時に、都市農業の現場にも変化が起きた。そのひとつが都市住民による耕す営み＝「耕す市民」の増加である。都市住民は自らの暮らしを守るために耕し始め、耕し続けた。実際、市民農園や農業体験農園は利用者の受け入れを続け、新規利用者や問い合わせも増加した。

筆者はコロナ禍を機に、生活クラブ生活協同組合・神奈川（以下、生活クラブ神奈川）が運営する農業体験農園「生活クラブ・みんなの農園」（横浜市泉区）の利用を開始した。みんなの農園は、生活クラブ神奈川が農業参入して立ち上げ、2018年9月に第一農園（体験コース）を開設した。[1]

コロナ禍のみんなの農園は、長時間の滞在を避けること、定期的に行われる講習会の時間帯をずらすなど、密を避ける工夫をして受け入れを続けた。筆者も休日はほぼ毎日通い、収穫を喜び、身体を動かした。そして、子どもにとっては安心できる最高の遊び場となった。

このような経験は、筆者だけではないだろう。コロナ禍では、農の力が身体性とコミュニティを再生する様子が見られ、都市にいくつもの「コモンズ」を生み出したのである。

都市化への対抗概念としての「コモンズ」

この「コモンズ」という言葉は、さまざまな場面で聞かれるようになった。「コモン（common）」とは、「共通の」「共有の」を意味し、コモンズは一般的に自然資源の共同管理制度として知られている。日本では、「入会（いりあい）」「総有（そうゆう）」がコモンズとして機能してきた歴史がある。

なぜ、コモンズが注目を集めているのだろうか。コモンズ論の考え方は、従来の「公（public：政府、行政）か、私（private：企業や個人）か」という二元論を超えた人びとの手による自治と連帯の世界をつくり出すことにある。つまり、共同「みんなのもの」という意味で幅広く捉え、自然資源の管理だけではなく、地域再生、まちづくり、環境保全、住居、教育、福祉、医療、農業など研究や実践を問わず、キー概念として使われている。「共に生きる世界をつくり出す」という意味がコモンズには込められている。

図8－1　健全なエコロジーが支える経済

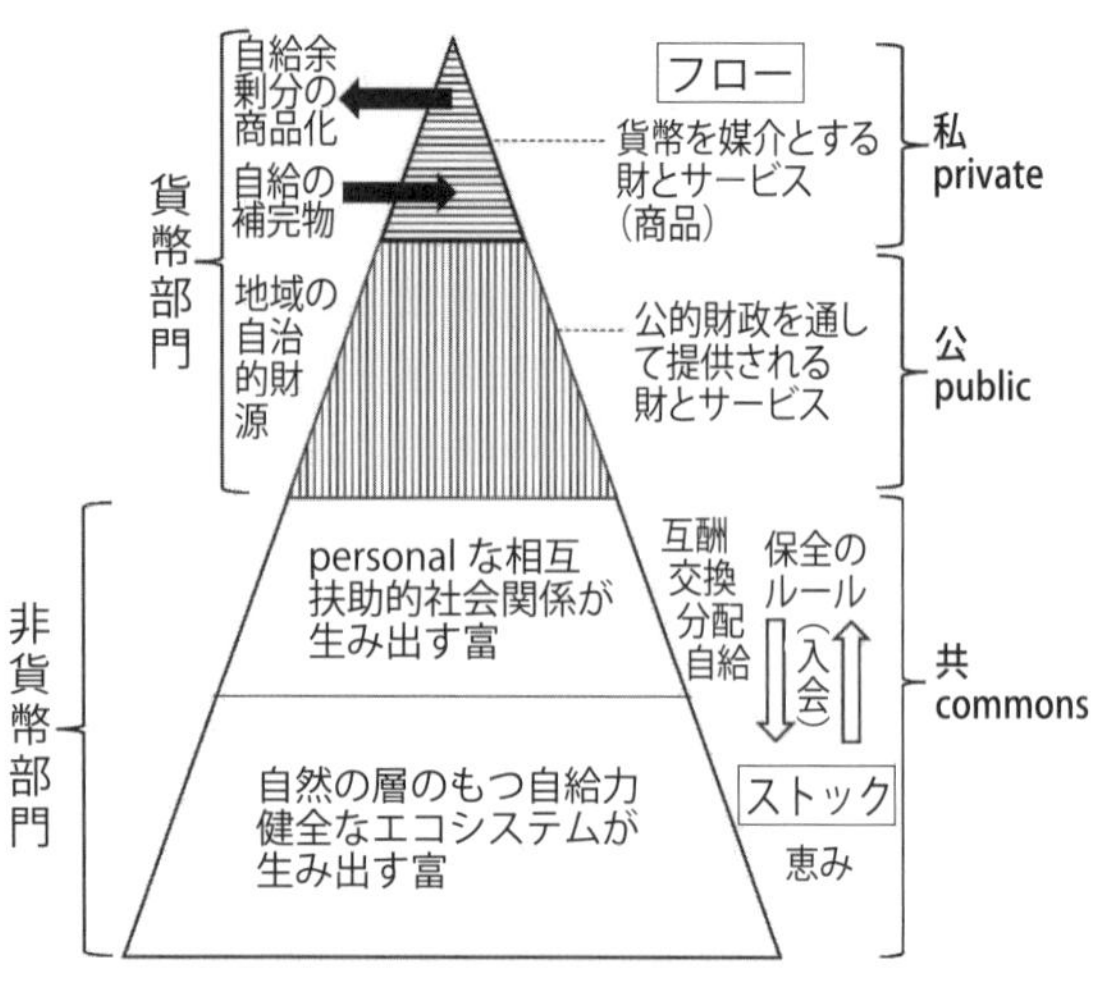

（出典）多辺田政弘『コモンズの経済学』（学陽書房、1990年）p.52の図3より作成。

経済思想家の斎藤幸平は、コモンを「社会的に人々に共有され、管理されるべき富」＝共有財産と定義したうえで、資本主義によって徹底的に解体されたコモンの再生に基づく脱成長型社会の実現と必要性を指摘している。[2]「社会的連帯経済」の実践とも言い換えることができるだろう。

ここで、環境経済学者の多辺田政弘が提起した「健全なエコロジーが支える経済[3]」について見てみよう。これは、土台に自然層が豊かに広がり、そのエコシステムの生み出す豊かな富（ストック）に支えられる経済を指す（図8－1）。多辺田は、次のように述べている。

「そのような豊かな自然が生きているところでは、『自然の層』から直接に住民が天与の恵みとして受けとるモノ（おいしい水や空気、海や山や野の幸）やサービス（美しい景観や遊び場）の自給的領域が豊かである。また同時に、貨幣を媒介としない相互扶助的な社会関係によるモノとサービスの交換・互酬・分配の領域も広くなっている」[4]

多辺田が述べているように、こうした「共」的部門が広がっているところでは、その結果として貨幣部門への依存度を小さくできる点が重要である。コモンズの再生は市場経済への依存を減らし、人と自然、人と人がつながる脱成長型の暮らしを取り戻すきっかけを与えてくれる。

このような視点に立って、都市農業の現場で広がる「農のあるまちづくり」を見ると、コモンズとしての都市農地を守り育むことで、過剰で不必要な開発を防ぐエコロジー社会への転換、コミュニティを再生する都市づくりの芽生えとして捉えることができる。

たとえば、みんなの農園以外にも、「みんなの畑」（東京都西東京市、運営主体：西東京農地保全協議会）、「みんなのうえん」（大阪府大阪市・寝屋川市・兵庫県神戸市、運営主体：一般社団法人グットラック）など「みんな」という言葉を名称につけ、多様な人びとと都市農地のつながりをデザインする活動がいくつも見られることは象徴的である。

「暮らしの根拠地」としての農の営み

それではなぜ、農の力はコモンズを生み出すことができるのだろうか。その手がかりとして、「たまごの会」と「やぼ耕作団」で自給農場運動を牽引し、耕す市民の意義を発信し続けた農業生物学者・明峯哲夫の思想と実践に触れたい。[5]

明峯は、1974年春、東京の消費者グループ「たまごの会」が茨城県八郷町（現・石岡市）

に建設した消費者自給農場「たまごの会八郷農場」[6]の専従スタッフとして家族と共に移り住んだ。たまごの会による自給農場運動は、消費者が自ら農場を持ち「つくって、運んで、食べる」をスローガンに、「自立した消費者（人間）」への脱皮を求める運動としてスタートした。

その後、明峯は1981年5月、たまごの会の主要メンバーと共に東京都国立市谷保（やほ）でやぼ耕作団を結成し、7aの農地を借りて7家族で耕作をスタートした。この間、最大で18家族が活動に参加して50a以上を耕作したが、農地の移転を繰り返しながら、97年春、区画整理事業による農地の返還を機に解散した。

やぼ耕作団の特徴は、「日常的に自分たちの食べものを自分たちで作る」試みとして、耕すことを徹底した点にある。その実践形態は、遊休農地を活用した農地利用型で、1軒の農家が耕作する30~50aの面積を十数家族で共同耕作した。そこでは、少量多品目の野菜、米、麦の栽培、味噌や醤油など農産加工、ウサギやニワトリ、ヤギなど家畜の飼育、さらにはワタや藍（あい）を栽培して織物や染め物、布団まで作り、自給した。そして、家畜の糞尿や生ごみ、落ち葉、稲ワラ、麦ワラ、米ヌカなど身近な資源を利用して堆肥（たいひ）を作る有畜複合型の有機農業に取り組んだ。

やぼ耕作団が実践した共同耕作は、生産手段である農地、種、道具、機械、施設、その手段を活かす技術を身につけ、食生活の自給度を高めていくだけではなく、メンバー間の多様な知恵と工夫によって生活全体が自然に寄り添った「ホンモノの暮らしづくり」へと展開したのである。

明峯は、人間が自然的かつ社会的な存在であるとし、「生（暮らし）」の存立条件を「農（自給）」と「人と人とのつながり（福祉）」の充足にあると指摘している（図8－2）。つまり、耕す市民の本質は、食べものの自給や身体性の確保、相互扶助を生み出すコミュニティの形成など単なる趣味嗜好ではない生活の質の向上にある。

なぜ、明峯は耕すことにこだわり続けたのだろうか。それは、1960年代以降の本格的な農業の近代化で、消費者が徹底的に管理されてしまったことが背景にある。一見すると、利便性の高い暮らしを獲得したかのように見えるが、実際には消費者である都市住民の大部分が土から切り離され、人工空間に閉じ込められた。明峯は自ら手を汚さなくても必要な商品をいつでも購入することができるようになった消費者の姿を「餌付けされた消費者」と厳しく批判している。

図8－2　暮らしの存立条件

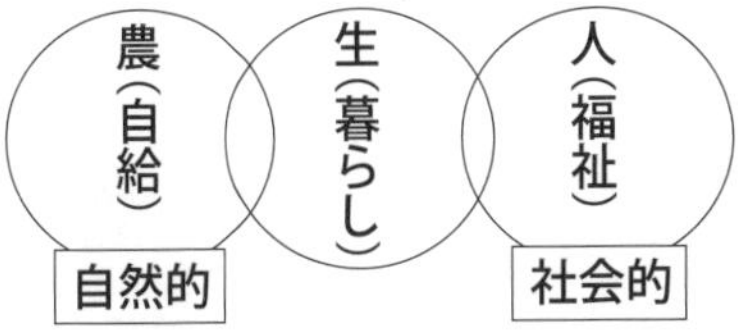

農（自給）
生（暮らし）
人（福祉）
自然的
社会的

（出典）筆者作成。

では、人間らしく生きる主体性をどのように取り戻すことができるのだろうか。明峯は、次のように述べている。

「街の人間が自分の食べ物ぐらい作ろうとするのは、全うな要求だと思います。庭も満足にない狭い住宅に押し込まれた人間が、『やぼ』のような場をもつことは、したがって大変貴重な事だと思います。……『やぼ』は市民にとって、自己教育の場だと言えると思います。鉄とコンクリートに閉じ込められ窒息しかかっている都市住民。おしきせの生活をあてがわれ、生きていくために身と心を生き生きと躍動させることのなくなった都市住民。『やぼ』のような空間は、そんな我々都市住民が、土と生き物との交流を取り戻し、自らの心身のたくましさとしなやかさを回復する、自己鍛錬の場になりうるのではないでしょうか[7]」

自給農場運動は、単に食と暮らしの自給を獲得目標にしていたのではなく、それを大前提に耕すという農の力によって都市住民が奪われた身体性＝「人間本来の生きる歓び」の回復を目指す取り組みであった。明峯は、自給と相互扶助を通じて心身の健康と人間らしさを取り戻していく「暮らしの根拠地」として、農の営みを位置付けていたのである。

農の力が生み出す多彩なコモンズ

都市には、農の力が生み出すコモンズ＝「農的コモンズ」の実践が多彩に広がっている（表8−1）。この点は、第Ⅱ部「都市を耕し、暮らしをつくる」で取り上げた活動を見てもよくわかる。ここでは、前述した自給農場以外の取り組みについて、具体的に見ていく。

①ＣＳＡ

ＣＳＡは、「地域の生産者と消費者が食と農で直接的に結びつき、コミュニティを形成して生産のリスクと生産物（環境を含む）を分かち合い、たがいの暮らし・活動を支え合う農業[8]」の形を指す。すなわち、生産者と消費者の関係性を重視し、双方が経営のリスクを共有しながら支え

表８－１　コモンズを生み出す代表的な耕作方式

耕作方式	概要
自給農場	市民による共同耕作。耕作面積も大きく、農家１戸あたりの面積を複数のメンバーで耕作し、自給度も高い。
ＣＳＡ	ＣＳＡ（Community Supported Agriculture）は、「地域で支える農業」「地域支援型農業」と訳される。その特徴は、「有機農業（環境に配慮した農業）の実践」「年間（半年）を前提とした前払い方式」「援農など農場運営への積極的な関与」「小規模・家族経営、新規就農者の支援」などである。
援農ボランティア	都市住民が経営を維持・発展させたい農家のもとで継続的に農作業を行い、サポートする取り組み。主に自治体やＪＡが主導して広げている。個人で援農の募集を呼びかける場合も多い。
農業体験農園	農家が農業経営の一環として開設し、道具、種・苗、肥料などを準備、プログラムに沿って指導する。利用者は、体験料と収穫物の購入代金として料金を支払う。年間 35,000 ～ 40,000 円が一般的で、区画の広さは１区画：15 ～ 30㎡前後。
コミュニティガーデン	コミュニティガーデンは、「地域の庭」と訳され、一般的な公園とは異なり、地域住民が主体となって野菜や花を育てる自主的なまちづくり活動である。空き地や都市農地の活用以外にも、レイズドベッド（立ち上げ花壇）のようにレンガや木材などで縁を区切って花壇や菜園を作る例も見られる。
農業体験	種まきや収穫など単発のイベントに参加する。実施主体は自治体、ＪＡ、ＮＰＯ、農家など多様である。季節ごとに収穫できる野菜も異なり、リピーターも多い。

（出典）筆者作成。

合う仕組みである。ＣＳＡは、生産現場の近距離に多くの消費者を抱える都市部で成立しやすい取り組みではないだろうか。

神奈川県大和市で「なないろ畑株式会社」を経営し、ＣＳＡに取り組んだ片柳義春は、生産者と消費者の対等な関係性、消費者が農場の運営に関わることは可能なのかという問題意識で「トゥルーＣＳＡ」を実践した。[9]

片柳は、ＣＳＡを「消

費者参加型農業」として捉え、「会員制」「会費前払い」「野菜セットの受け取り」という基本的な条件に「会員による運営資金や労働力の提供」を加えてCSAに取り組んだ。この4点目の条件がトゥルーCSAたる所以である。

実際になないろ畑を見学すると、消費者会員は農作業、収穫、野菜の仕分け、包装・箱詰め、出荷作業、直売所での販売などをボランティアで行っていた。片柳はこうした実践を「生産消費者」「半農半X対応型農場」と呼んでいる。イベントの企画などさまざまな仕事を会員と一緒に行い、「農のあるコミュニティの形成」を目指していた。こうした片柳の実践は、自給農場運動とも大きく重なる。それは、「みんなで耕そう」「一緒に農場を運営しよう」という協働の発想である。

②援農ボランティア

援農ボランティアは、農業経営に直接関与する分、他と比べて農家、生産現場との距離が近い。しかも、都市農業への貢献を動機に活動している人が多く、事前に圃場(ほじょう)実習や座学など必要な講習を受け、栽培技術や農業への理解を深めたうえで現場に出ている。活動頻度は、週1回が多いが、週3~4回足繁く通う人もいる。除草、種まき、定植、収穫に励み、出荷作業や販売の手伝いなどある程度経験を積まないと任せることができない作業も行う。受入農家は、援農ボランティアの存在を前提に段取りを組む。関係性が深まると、援農ボランティアからの意見を取り入れながら作付計画を立てたり、直売所の販売を任せることもある。援農ボランティアは、農業経営を支える「パートナー」として、欠かせない存在になっている。(10)

③ 農業体験農園

都内を中心に広がりを見せる農業体験農園は、練馬区が整備費や管理運営費の一部を補助し、1996年から毎年1農園ずつ設置したことで、先駆的な動きをつくった。そのため、農業体験農園の仕組みは、「練馬方式」とも呼ばれている。

農業体験農園は、1~2月に入園の申し込み、3月から農作業が始まる。翌年1月末までに収穫を終え、その後、次年度に向けて畑の準備を行うというサイクルである。講習会の頻度は、1~2週間に1回、土日のいずれかで、その後自分の区画で作業を行う。日中の出入りは自由で、除草や水やりといった管理作業、収穫などで畑に通う。

多くの場合、個人区画だけではなく、共同区画も準備されている。サツマイモやトウモロコシ、玉ネギ、ネギなど長期間畑で管理する野菜は利用者全員で栽培する。収穫祭やイベントで交流する機会もある。利用者は、講習会や共同作業など定期的に顔を合わせ、隣近所の区画同士で会話を交わし、調理方法など情報交換をしながら自然と仲良くなり、「農縁コミュニティ」が生まれている。

④ コミュニティガーデン

コミュニティガーデンは、日本ではまだ馴染みの薄い活動だが、欧米の都市ではあちこちに存在している。表8―1の中でも、特にコミュニティの形成を重視している点が特徴である。主なタイプとして、「公共系施設内（公園、植物園、学校、教会、老人ホームなど）に位置する一般的な区画型ガーデン」「公共および民間所有の遊休地内、未利用地内に位置するテーマ型ガーデン（芸術、環境、福祉など）」「幼児、児童、青少年、学校教員等対象の教育型ガーデン」「ホームレス、刑務所（少年院）出所者、障がい者等対象の社会復帰更生型ガーデン」に分けられる。[11]

ランドスケープアーキテクトの越川秀治は、コミュニティガーデン〝10の魅力〟について次のように表現している。[12]

①人々の心を癒し潤いを与えてくれる
②出会いと会話の機会を生み出してくれる
③近隣の景観・美観を向上させる
④多くの人に学びの大切さを教えてくれる
⑤地球環境や都市環境に貢献してくれる
⑥暮らしの豊かさを提供してくれる
⑦人々に地域愛を呼び起こしてくれる
⑧最小経費で最大利益を生み出してくれる
⑨防災拠点や生存の場としての役割をもっている
⑩緑のまちづくりへと発展する可能性を秘めている

⑤農業体験

農業体験の受け入れは、個人農家も活発に行っている。これは、畑をオープンな多目的スペー

図８－３　耕す市民の階段

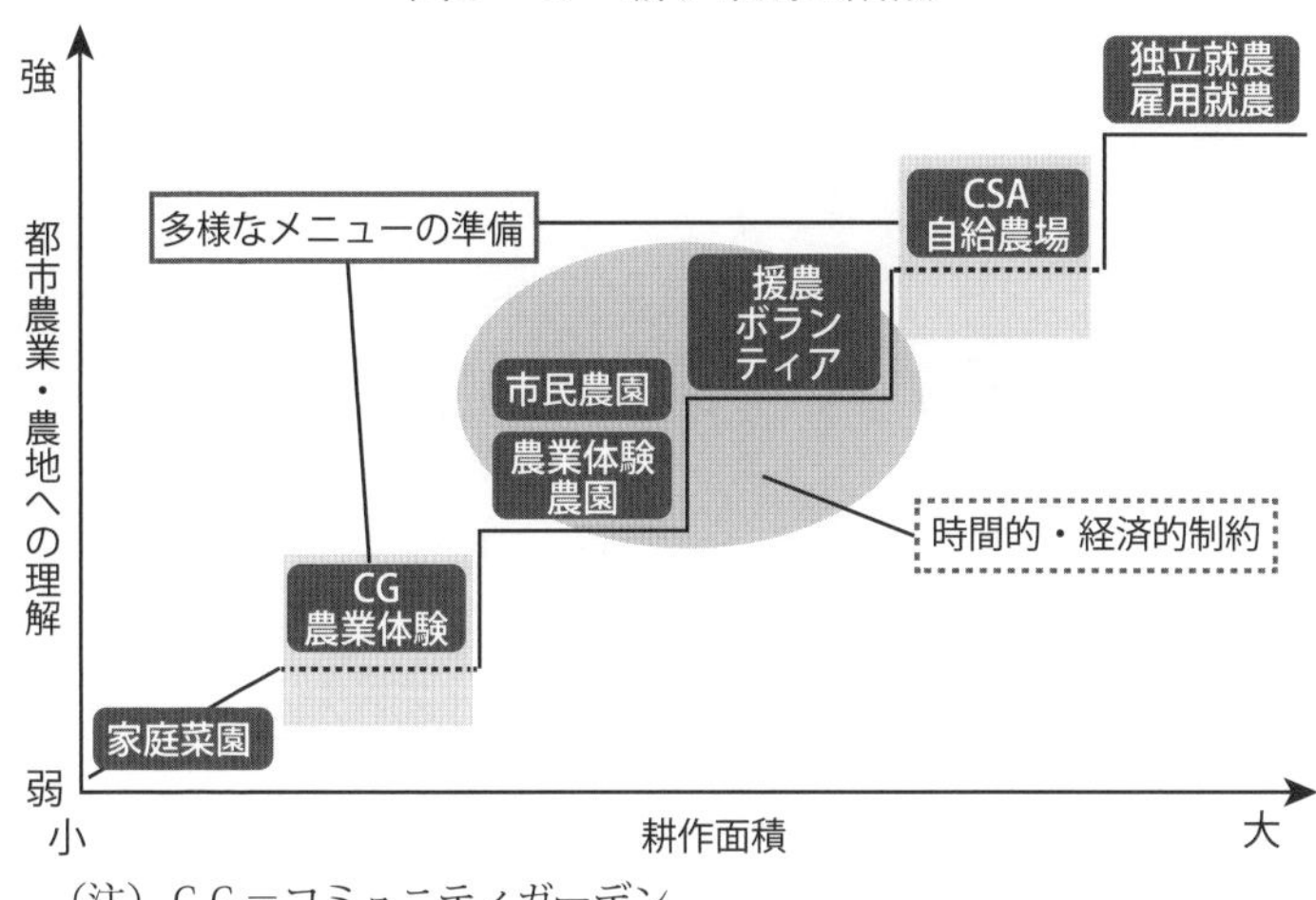

（注）ＣＧ＝コミュニティガーデン
（出典）筆者作成。

スとして位置付けた活動である。ＳＮＳの普及がこの動きを後押ししている。FacebookやInstagramは、個人のアカウントと共に、農園名でも別途登録し、援農や農業体験、イベント参加の募集など消費者とのコミュニケーションをつくる手段として積極的に活用されている。

農的コモンズをどう広げるか①
——耕す市民の階段をつくる

それでは、どのように農的コモンズを広げることができるのだろうか。ここでは、「耕す市民の階段をつくる」「農地という空間が生み出す包容力」の2点から考えたい。

ひとつめは、耕す市民の階段をつくることである（図8―3）。これは、家庭菜園以上独立就農未満の間の充実化と言い換えることができる。都市農業の現場を見ると、２つのステップが足りていない。

ひとつは、耕す市民の広がりを支える援農ボランティア、市民農園や農業体験農園の下のステップである。東京都生活文化局のアンケート調査[13]によると、「東京の農業との接点」については「東京産農畜産物を購入したことがある」が55・7％で最も多い。ただし、「東京において、もぎとり・摘み取り農園や市民農園などで、農業体験をしたことがある」は23・7％、「東京の農業者と話したことがある」は15・4％と全体的に低くなる。「特にない」も17・4％で、無関心層も一定数存在する。

都市住民と農業・農地、農家とのつながりはまだまだ希薄で、物理的な距離が近くても、人間的な距離は縮まっていない。つまり、「顔が見えているようで見えていない」のが都市農業の現状であり、課題でもある。

この背景には、都市農業の現場にアクセスできる層が限られているという現実がある。援農ボランティアは、事前講習を条件にしている場合が大半で、学生や現役世代は継続的な参加が難しい。市民農園や農業体験農園は、日々の管理作業などが必要で、農業体験農園の場合は利用料金も負担になる。こうした時間的・経済的な制約から、一歩踏み出すのに躊躇(ちゅうちょ)してしまう人も多いだろう。そうなると、参加者は自ずと限られてしまう。広範な層を呼び込む仕組みづくりとして、気軽に参加できる農業体験やコミュニティガーデンのような取り組みを増やし、都市住民にとって農の営みを身近な存在に引き寄せたい。

もうひとつは、援農ボランティア、市民農園や農業体験農園の上のステップである。これは、自給農場や共同農場のように規模が大きく、作業にも専門性が伴う。たとえば、農業体験農園の利用者、援農ボランティアからは「もう少し本格的な作業をしたい」「広い面積を耕したい」という声も聞かれる。ただし、農地の貸借は責任も生じ、ハードルが高くなる。そこで、第三者が遊休農地を借り、参加者と共同で耕作する方法が考えられるだろう。

みんなの農園がそうだが、あまり他に例が見られない。みんなの農園は、2022年9月に第二農園（農業従事者育成コース）を開設し、生活クラブが構える店舗「デポー」への出荷を進めている。利用者は区画を区切らず、みんなで生産し、袋詰めなど出荷作業も行う。こうした取り組みは、都市住民のニーズを受け止め、耕す市民が都市農地を保全する担い手に成長するきっかけをつくる。

農的コモンズをどう広げるか②――農地という空間が生み出す包容力

二つめは、農地という空間が生み出す包容力である。明峯は、暮らしの中で農の営みを日常的につくり出していたやぼ耕作団の経験から、「庭学」という新しい境地を切り拓こうとしていた。さらに、野菜・果樹・ハーブ・花を育て、豚やニワトリも遊んでいた庭先が人びとの自給と暮らしの拠点であった西洋の庭の概念や考え方、実践が参考になると指摘し、アメリカのコミュニティガーデンも紹介していた。

ヨーロッパの農業は、家畜を飼育し、穀物を生産することが基本である。気候的にうまく栽培できない野菜は、あくまで園芸であった。園芸は都市住民であってもささやかな空間とノウハウがあれば実践でき、誰もが庭先を持ち、園芸家であったという。

一方で、野菜もよく育つ日本では、庭が野菜を栽培する場所という意味をもち合わせていない。もともとの土壌の豊かさもあり、野菜は米や麦と同様、農業で生産するものであった。そのため、日本の庭は西洋と比べて空間の使われ方にだいぶ違いがある。

そこで、明峯は農家に必ずある広い庭先に着目した。そして、やぼ耕作団の庭先がもつ機能について、「道具・機械を保管する」「収穫物を貯蔵する」「物を乾す」「堆肥をつくる」「苗を育てる」「動物を飼う」「シイタケを栽培する」「水を得る」「火を起こす（料理をする）」「加工する」「食べ、呑む」「排泄する」「着替える」「休息する」「語らう」「情報を交換し、蓄積する」「遊ぶ」という17項目を挙げた[14]。

この点は、農地がもつ「生産的機能」だけではなく、「非生産的機能」にも目を向けさせる重要な指摘である。つまり、庭先を含めて農地を「農的空間」として捉え直すと、多様な人びとが関わる場として、子どもも高齢者も、障がいがある人もない人も関係なく、誰でも受け入れ、居場所を与えてくれる。

たとえば、子どもたちは農的空間を上手に活用しながら活動する。追いかけっこをし、虫を探し、泥団子を作り、花を摘み、お菓子を食べ、時には寝っ転がりながら本を読み、疲れて寝てしまう。みんなの農園の様子を見ると、利用者の子どもたち同士で遊び、大人の知らぬ間にコミュニケーションをとっていることがよくある。

このように、農地はコモンズを生み出す最適な場ではないだろうか。農地という空間には、誰も排除しない包容力があり、社会的・福祉的・教育的役割を果たす可能性がある。「誰でもここにいていい」という空間は、現代社会、特に都市部ではきわめて貴重な存在で、人と自然がつながり、人と人とが支え合うコミュニティとして、農地はまちづくりにとって必要不可欠な地域資源になる。

ウィズコロナからポストコロナに移行しつつある今、持続可能な社会の姿をどのように描けるのだろうか。今回の耕す市民の増加は、外出自粛など「ネガティブ」なインパクトによってもたらされた。この場合、コロナ禍がある程度収まれば、リバウンドのようにまた元の状態に戻ってしまう可能性もある。そうならないために、耕すことが個々の暮らしを守り育み、社会に「ポジティブ」なインパクトを与える力があることを持続可能性という観点から積極的に位置付け、農の営みへの共感の輪を広げたい。

農の営みが食をつなぎ、コモンズをつくる

都市農業は、消費者との一体的な関係性を大切にしてきた。第2章でも述べたとおり、1990年代半ば以降、直接販売に切り替える農家が増加し、地産地消の重視が都市農業の特徴

となっている。

一方で、単なる農産物の売り買い関係にとどまらず、都市農業が食の営みを通じてコモンズをつくり出す活動も見られる。

ひとつは、第5章で取り上げた青木農園のような農家レストランへの展開である。農家レストランは、グリーンツーリズムの広がりを支え、農村女性による起業活動、コミュニティビジネスとして注目されている。

都市部では地場農産物を利用する飲食店は増えているが、農家レストランはあまり見られない。「青木農園　農家料理」の新鮮な自家野菜をふんだんに使ったワンプレートランチは、彩り鮮やかで目でも楽しませてくれる。美味しい料理に舌鼓を打ちつつ、代表の青木幸子さんが各テーブルを回り、野菜のこと、調理方法のこと、畑の様子を伝え、会話が弾む。農家レストランの魅力は、地元の野菜を五感で味わい、農家とコミュニケーションもとれる点にある。言うなれば、地場農産物を地元で楽しく食べる「地産地食」であろう。

もうひとつは、こども食堂やフードバンク・フードパントリーなど食支援と農業分野のつながりをつくる活動である。生活困窮者の増加に対し、これからは都市農業にも「社会的公正」という視点が必要ではないだろうか。実際、こども食堂などに継続的に農産物を寄付する農家、ＪＡも存在する。農業体験農園から生まれる農縁コミュニティが利用者同士のつながりを超えて広がり、食支援活動との地域連携、地域住民同士の連帯に発展する活動も見られる。

農業体験農園の場合、収穫時期が集中してしまい、余剰野菜が生まれ、悩まされることが多い。家庭で消費しきれないと、親類、近所の知り合いや友人などに配り、おすそわけする姿をよく見かける。

たとえば、みんなの農園では利用者から野菜の寄付を募り、農園のすぐ近くにある多世代交流スペースに運んでいる。この多世代交流スペースでは、こども食堂やフードパントリーを定期開催しており、寄付した野菜が使用されている。

また、練馬区では農業体験農園の利用者が2015年に地元の野菜を地元の活動に届ける《野菜のおすそわけ》プロジェクトを開始し、こども食堂やひとり親世帯などに寄付しているという[15]。16年には、プロジェクト専用の区画を借りて共同畑を持ち、こども食堂のスタッフ、ボランティア、利用している親子、大学生、地元住民が一緒に野菜を育てている。さらに、農業体験農園のイベントに参加し、農園利用者との交流も生まれている。

このような動きから、社会的な課題に寄り添い、地域の中でつながりをつくる都市農業の新たな姿、役割が見えてくる。改めて、都市の中に生命の再生産に欠かせない食、それを生み出す農の営みがあることの社会的意義を見つめ直したい。

(1) 生活クラブ・みんなの農園は、横浜市の栽培収穫体験ファーム制度を採用している。横浜市は1993年に栽培収穫体験ファーム制度を開始し、その後、東京都を中心に広がりを見せる農業体験農園のモデルとなった。

(2) 斎藤幸平『人新世の「資本論」』集英社新書、2020年。

(3) 多辺田政弘『コモンズの経済学』学陽書房、1990年。

(4) 前掲(3)、52ページ。

(5) 明峯哲夫『明峯哲夫著作集 生命(いのち)を紡ぐ農の技術(わざ)』コモンズ、2016年。

(6) 茨木泰貴・井野博満・湯浅欽史編『場の力、人の力、農の力。――たまごの会から暮らしの実験室へ』コモンズ、2015年。たまごの会八郷農場は、「Organic farm 暮らしの実験室 やさと農場」として生まれ変わり、若いスタッフが運営の中心を担っている。暮らしの実験室は、「小規模の有畜複合農場の実践」と「開かれたアソビ場」を活動の柱に掲げている。小規模有畜複合は、明峯が探求し続けた農の世界の骨格であり、開かれたアソビ場は誰もが集い、参加ができる自給農場の概念に近い。

(7) 前掲(5)、164ページ。

(8) 波夛野豪・唐崎卓也編著『分かち合う農業CSA――日欧米の取り組みから』創森社、2019年、11ページ。

(9) 片柳義春『消費者も育つ農場――CSAなないろ畑の取り組みから』創森社、2017年。

(10) 後藤光蔵・小口広太・北沢俊春・田中誠『都市農業の変化と援農ボランティアの役割――支え手から担い手へ』筑波書房、2022年。

(11) 越川秀治『コミュニティガーデン――市民が進める緑のまちづくり』学芸出版社、2002年、60〜61ページ。

(12) 前掲(10)、11〜16ページ。

(13) 東京都生活文化局「令和2年度第1回インターネット都政モニターアンケート『東京の農業・水産業』調査結果」。https://www.metro.tokyo.lg.jp/tosei/hodohappyo/press/2020/09/01/01.html(最終アクセス2023年4月10日)

(14) 前掲(5)、187〜189ページ。

（15）村山純子「畑から、地域とつながる——農業体験農園と子ども食堂をむすぶ《野菜のおすそわけ》活動」世界都市農業サミット２０１９分科会②発表資料（https://www.city.nerima.tokyo.jp/kankomoyoshi/nogyo/summit/sengen/sammittosoukatu.files/02_06_kato_nagashima_murayama.pdf）（最終アクセス２０２３年４月20日）。

PARC自由学校と都市と農

畠山菜月

本書は、2022年にPARC自由学校（以下、自由学校）で開講された「ポストコロナ時代のライフスタイル　都市は変われるか」講座から着想を得て、企画・制作されました。

自由学校とは

そもそも、「PARC自由学校って何？」と疑問に感じる人もいるかもしれません。学校といっても普通の公教育の学校ではなく、アジア太平洋資料センター（以下、PARC）というNPOが運営する学校です。10代から90代まで幅広い年代・職種の人たちが、格差や貧困、差別、環境問題などの問題意識をもとに集い、学び合う場になっています。拠点は東京ですが、近年はオンラインで全国から参加者が集まっています。

自由学校の前身は1970年代に始まったPARC語学塾。PARCはもともとベトナム反戦運動を契機に始まった団体なので、世界中の人びとと連帯するための語学力を身につけられるように、語学塾を始めました。そして、82年には自由学校へ名称を変更。南北問題に代表される、人びとの間で格差や分断を生むような政治・経済の構造的問題に迫る講座を開講するようになりました。その後も40年以上にわたって、「真に豊かな社会とは何か」という問いにさまざまな角度から迫る講座を、例年15講座以上開講しています。

根底にある理念は変わりませんが、取り上げるテーマは政治・経済から環境問題、平和と民主主義、農の実践やアートやダンスなどの表現活動まで、多岐にわたります。研究者、教員、ジャーナリスト、活動家などからなる20名以上のアドバイザーが毎年集結し、今の社会にどんな講座があるべきなのか、議論を重ねたうえで講座を企画しています。

都市と農を結び直す、自由学校の試み

「都市と農」は、元PARC共同代表でジャーナリストの大江正章さんが重要性を

「畑で実践!!〈たね〉からはじまる無肥料自然栽培」講座の様子

訴えてきたテーマでもあり、自由学校でも1990年代からさまざまな講座を開講してきました。それは、人と土と命との関係性が薄れてしまった都市にこそ、農業が必要だという思いからです。

たとえば「東京で農業!」講座は、輸入食品が増え、就農者も減る中で、都市から農を考え実践する講座として、1990年代初頭から始まりました。その背景には、本来切っても切れない関係であるはずの食と農の関係が、特に都市で見えづらいものになったことに対する危機感があります。講座を支えたのは、三里塚ワンパック野菜の石井恒司さんや白石農園の白石好孝さんをはじめとする多彩な講師たち。参加者は、東京都西東京市の共同畑や千葉県成田市の田んぼへ週末に通い、実践を通して仲間と学び合いました。途中、

東京都練馬区の白石農園へ場所を移しながらも、約20年間続く長寿講座となりました。

2004年から開講された、環境に優しい暮らしや生き方をテーマにした講座「地域循環型社会――現場へ飛びだそう!!」（後の「エコを仕事にしよう」）講座も、都市と農のテーマを多分に扱った講座です。この講座では、大量生産・大量消費をはじめとした環境負荷の高い近代のライフスタイルに疑問を投げかけ、どうすれば今のようでない、エコな生き方ができるのか、具体的な提案をしています。「都市と農」のテーマを扱う中で私たちが学んだことのひとつは、人間や自然との有機的な関係性の立て直しが必要だということです。それは、エコ的生き方にも絡み合います。この講座では、茨城県石岡市で無農薬・無化学肥料の田植えをしたり、有機農業の先駆地である埼玉県小川町を訪問したり、練馬区の地産地消のレストランLa毛利を訪問したりと、毎年10カ所以上の実践者から話を伺いました。

他にも、自然栽培を実践してみたいという人を対象にした「プランターで気軽に始める自然農法」講座や「畑で実践!!〈たね〉からはじまる無肥料自然栽培」講座、日本の食と農について、現場からだけでなく制度や政策面からも考える「どうする日本の食と農」講座など、多種多様な講座を通して、都市と農をめぐる議論と実践の場を積み重ねてきました。

しかし2020年末、これらの講座企画を牽引してきた大江さんが急逝。自由学校でも改めて、「都市と農」というテーマの重要性と、それを引き継いでいく責任を認識しました。その第一弾として、理事でもある小口広太さんが企画の中心となり生まれたのが、本書の元になったこの講座です。

　この講座で注目したのは、人と人をつなぎ、自然と人をつなぐ、農の力。その都市における可能性を追求すること、つながる場となることを願って企画されました。折しも、講座が企画された2021年はコロナ禍の真っ只中。都市の脆弱性があらわになり、同時にこれまでの常識や慣習の見直しが一気に進んだ時期でもありました。そんなときだからこそ、都市も変わるチャンスだという、強力で前向きなメッセージも込められています。本書を読んでくださった皆さんも、各地で続けられる力強い活動や研究に、ワクワクとした気持ちと「自分も何かやってみよう」というエネルギーが湧いてきた人も多いのではないでしょうか。

　自由学校ではこのように、都市と農の結び直しのための議論と実践の場づくりを、さまざまな講座を通して行ってきました。近年は環境問題、農業、地域づくりなどに対する社会の関心も、一層高まっているように思います。講座自体は小さな場ではありますが、関心を共有する人たちが、出会い、つながり、学び合える場をこれからも提供していきます。関心さえあればどなたでもご参加大歓迎です。毎年春に1年間の講座情報を公開しますので、ぜひウェブページを覗いてみてください。

NPO法人アジア太平洋資料センター（PARC）
／PARC自由学校
〒101-0063 東京都千代田区神田淡路町1-7-11
東洋ビル3F　https://www.parcfs.org/

おわりに

本書を読み終えて、農の力がもつ可能性、包容力を感じていただけただろうか。農の営みは、都市を変えるために欠かせない力のひとつで、しかも「環境」「福祉」「教育」「まちづくり」など多面的な力の発揮にも大きくつながっている。

都市の中の農業は、制度面の制約と常に隣り合わせで、そこに現実的かつ深刻な問題を抱えている一方で、面白く、楽しい「農的コモンズ」も各地で生まれている。人びとが暮らしと地域に根ざしてつくる実践を都市と農業、農の営みを有機的につなぐ根拠にしたい。

こうした農的コモンズは、なぜ生まれるのだろうか。農の営みには、人びとの暮らしの条件を整え、満たす力があるからではないか。つまり、食べものの自給、自己充足（生きがい、健康）、知的創造（栽培技術の習得）のような「生活の質の向上」、人と人とのつながりをつくる「コミュニティづくり（相互扶助、居場所）」、そして「都市農業、農家への理解と共感」「地域貢献（都市農業・農家を支える）」というように、人びとはそこに多面的な価値を見出し、存在意義を実感している。今後は、このような農の力をどのように都市に、社会に広げていけるかが問われているだろう。

本書のきっかけは、当講座を担当していた畠山菜月さんと「今回の講座、内容がよかったので本にしたいね」と話したことだった。そこで、コモンズの浅田麻衣さんに相談し、本づくりが始まった。浅田さんからの構成、各原稿に対する的確な指摘とアドバイス、大江孝子さんの丁寧な校正なくして刊行は実現できなかった。コモンズ編集部に、改めて感謝を伝えたい。なお、出版費用については、「大江正章さんを偲ぶ会」の賛同金の一部を使用させていただいた。

最後に、本書の内容はコモンズを創設した編集者で、卓越したジャーナリストでもあった大江正章さんの遺志を受け継ぐものである。大江さんは、都市農業や農のあるまちづくりに関心を強くもち、取材を重ね、自身の著作でも多く取り上げていた。

大江さんは、都市における有機農業の広がりは可能なのかという問題意識をもっていた。遺作となった『有機農業のチカラ――コロナ時代を生きる知恵』（コモンズ、２０２０年）では、都市農業受難の時代から地域に根ざし、農業体験農園など「交流型農業」を実践し、その意義を社会に発信してきた世代とその後継者世代による「品質・利益追求型農業」が併存していくとしているが、後者は農のある地域づくりへの意識が弱く、有機農業が少ないと指摘してもいる。

また、２０１９年12月の日本有機農業学会第20回大会では、全体セッション「持続可能な都市農業をめざして」の座長として、本書でも執筆していただいた青木幸子さんなどをゲストに招いた。ただし、地産地消や市民参加などの議論は活発にできたが、実践としての有機農業の広がりまでは踏み込めていなかった。

ポストコロナ時代を持続可能な社会にするために、「有機農業のチカラ」を都市農業の現場で発揮することが重要になる。有機農業の実践をいかに都市でも広げていくことができるのか。この点についていては、今後の課題として受け止めたい。

２０２３年７月

編著者を代表して　小口 広太

高木恒一（たかぎ・こういち）第１章
1963年生まれ。立教大学社会学部教授。専門：都市社会学。主著＝『都市住宅政策と社会－空間構造――東京圏を事例として』（立教大学出版会、2012年）。共編著＝『多層性とダイナミズム――沖縄・石垣島の社会学』（東信堂、2018年）。共著＝『はじまりの社会学――問いつづけるためのレッスン』（ミネルヴァ書房、2018年）。

田中 滋（たなか・しげる）第７章２
1981年生まれ。NPO法人アジア太平洋資料センター（PARC）事務局長・理事。早稲田大学卒業後、米国コーネル大学大学院都市地域計画にて学び、クラレンス・スタイン賞を受賞。環境NGOでの勤務を経て現職。共著＝『甘いバナナの苦い現実』（コモンズ、2020年）、『地域で社会のつながりをつくり直す社会的連帯経済』（彩流社、2022年）。

細越雄太（ほそごえ・ゆうた）第４章
1990年生まれ。株式会社農業企画代表取締役 。大学時代の専門は国際農業開発学。大学院では薬用植物学を専門とする。「農業×○○で社会問題の99%は解決する」をテーマにした株式会社農業企画を2019年に設立し農業がもつ可能性を多くの人に知ってもらうべく、楽しく面白い企画を日々考えている。共著＝『自分を探すな』（いろは出版、2012年）。

山本奈美（やまもと・なみ）第７章３
京都大学大学院農学研究科研究員（非常勤）。専門：食農社会学。共著＝『有機給食スタートブック――考え方・全国の事例・Q&A』（農山漁村文化協会、2023年）。主論文＝「持続可能で公正なフードシステム構築と有機農業――フードジャスティスから考察する食格差と課題」『有機農業研究』第13巻1号（日本有機農業学会、2021年）

今村直美（いまむら・なおみ）コラム
1970年生まれ。農家（新規参入）。川村学園女子大学非常勤講師、千葉大学環境健康フィールド科学センター特任研究員。共著＝『分かち合う農業CSA――日欧米の取り組みから』（創森社、2019年）。

畠山菜月（はたけやま・なつき）第５章、コラム
1988年生まれ。アジア太平洋資料センター（PARC）自由学校元担当スタッフ。専門：社会開発。

【著者紹介】

小口広太（おぐち・こうた）はじめに、第2章、第5章、第8章、おわりに
1983年生まれ。千葉商科大学人間社会学部准教授。専門：地域社会学、食と農の社会学。主著＝『日本の食と農の未来——「持続可能な食卓」を考える』（光文社新書、2021年）、『有機農業——これまで・これから』（創森社、2023年）、共著＝『有機給食スタートブック——考え方・全国の事例・Q&A』（農山漁村文化協会、2023年）。

NPO法人 アジア太平洋資料センター（PARC）
南と北の人びとが対等・平等に生きることのできる社会を目指し、1973年に設立。国内外の研究者、ジャーナリスト、NGO、市民活動家とのネットワークを活かし、ODAや経済のグローバリゼーションがもたらす貧困問題、自由貿易・投資、食と農、環境などをテーマに、調査研究や政策提言、キャンペーンを行う。あわせて、開発教育教材・DVD制作や市民講座「PARC自由学校」などを通して、日本の市民社会への情報発信・場づくりに携わっている。

青木幸子（あおき・さちこ）第5章
1956年生まれ。青木農園代表。東京都農家女性グループ連絡研究会「ぎんなんネット」、「農の生け花」愛好会 東京グループ。

安藤丈将（あんどう・たけまさ）第7章1
1976年生まれ。武蔵大学社会学部教員。専門：政治社会学、社会運動史。主著＝『ニューレフト運動と市民社会——「六〇年代」の思想のゆくえ』（世界思想社、2013年）、『脱原発の運動史——チェルノブイリ、福島、そしてこれから」（岩波書店、2019年）。共著＝「広深港高速鉄道反対運動のローカリズム」『香港と「中国化」——受容・摩擦・抵抗の構造』（明石書店、2022年）。

小島希世子（おじま・きよこ）第3章
1978年生まれ。株式会社えと菜園代表取締役、体験農園コトモファーム主宰、NPO法人農スクール理事長。神奈川県の認定農業者。主著＝『農で輝く！ホームレスや引きこもりが人生を取り戻す奇跡の農園』（河出書房新社、2019年）、『1人で始める小さな農業——無農薬で楽しむ家庭菜園のコツ』（えと菜園出版、2021年）。主論文＝「農作業を活用した就労困難者の就労支援」『地域福祉研究』第49号（日本生命済生会、2021年）。

高坂 勝（こうさか・まさる）第6章
脱サラ後、東京池袋にオーガニックバーを営みつつ、千葉県匝瑳市で自給のNPO創設。バー閉業後、古民家農泊や民泊を営む。その間、緑の党初代共同代表、NHKラジオ「サンデーエッセー」レギュラーを経て、現在は大学講師、東京新聞連載。脱成長社会へ、ナリワイ・複業・週休3日・半農半X・移住・ミニマリズムなど実践で時代を先導。主著＝『減速して生きる——ダウンシフターズ』（幻冬舎、2010年）、『次の時代を先に生きる——ローカル、半農、ナリワイへ』（ちくま文庫、2020年）。

農の力で都市は変われるか

二〇二三年一〇月三〇日　初版発行

編著者　小口広太・アジア太平洋資料センター

発行所　コモンズ
東京都新宿区西早稲田二-一六-一五-五〇三
TEL（〇三）六二六五-九六一七
FAX（〇三）六二六五-九六一八
振　替〇〇一一〇-五-四〇〇一二〇
info@commonsonline.co.jp
http://www.commonsonline.co.jp/

編　集　浅田麻衣
組版・印刷　創文
製　本　東京美術紙工

乱丁・落丁はお取り替えいたします。
ISBN 978-4-86187-173-3　C0036

＊好評の既刊書

有機農業大全　持続可能な農の技術と思想
●澤登早苗・小松﨑将一編著　日本有機農業学会監修　本体3300円＋税

地産地消と学校給食　有機農業と食育のまちづくり〈有機農業選書1〉
●安井孝　本体1800円＋税

有機農業政策と農の再生　新たな農本の地平へ〈有機農業選書2〉
●中島紀一　本体1800円＋税

ぼくが百姓になった理由(わけ)　山村でめざす自給知足〈有機農業選書3〉
●浅見彰宏　本体1900円＋税

食べものとエネルギーの自産自消　3・11後の持続可能な生き方〈有機農業選書4〉
●長谷川浩　本体1800円＋税

地域自給のネットワーク〈有機農業選書5〉
●井口隆史・桝潟俊子編著　本体2200円＋税

農と言える日本人　福島発・農業の復興へ〈有機農業選書6〉
●野中昌法　本体1800円＋税

農と土のある暮らしを次世代へ　原発事故からの農村の再生〈有機農業選書7〉
●菅野正寿・原田直樹編著　本体2300円＋税

有機農業という最高の仕事　食べものも、家も、地域も、つくります〈有機農業選書8〉
●関塚学　本体1700円＋税

＊好評の既刊書